阿德勒的
领导力速成法

“夸”出一支好团队

[日]岩井俊宪 — 著　　李琳琳 — 译

浙江人民出版社

前言

商务实战中更需要活用阿德勒派“育人法”

在几年前，日本兴起了一股阿德勒心理学热潮。

或许有人对阿德勒“只知其名，不知其人”。

1992年，我出版了首部著作《人际交往中的29张王牌》。该书是以我多年来潜心研究的阿德勒心理学为基础，围绕“领导力”这一主题所展开的。

当时在日本，阿德勒之名鲜为人知。提起心理学，人们最先想到的还是弗洛伊德和荣格。而现在，越来越多的人喜欢上了阿德勒心理学。大概多数人是想以此改变自我，或是改善周围的人际关系，如亲子关系、夫妻关系、朋友关系等。

目前阿德勒心理学鲜少被活用于商务领域，但已经出现在面向企业总经理的演讲和培训中。其实在商务实战中，阿德勒心理学反而更容易被活用。

因此我将首部著作修订再版，希望对苦于处理职场上下级关系的诸位有所助益。

阿尔弗雷德·阿德勒（1870—1937），毕业于维也纳大学医学院，25岁时获得医师资格证，先为眼科和内科医生，后转向精神病学；32岁时加入了弗洛伊德主持的心理学会，并逐步开创了独立的心理学理论。九年后，阿德勒与弗洛伊德分道扬镳。他开创的“个体心理学”影响了许多人，其中就包括自我启发类畅销书《人性的弱点》《人性的优点》的作者戴尔·卡耐基和《高效能人士的七个习惯》的作者史蒂芬·R.柯维。

在我的首部著作出版时，日本企业中上司对待下属的主要方式是：

“以恐惧驱动下属。”

“为应付一时而对下属进行叱咤激励[1]。”

“企图用‘加油’之类的空口号去打动下属。”

上司倾向于塑造依存型下属，并对其施以强压，我认为有些企业到现在都还维持着这种状态。这种相处模式会起反作用，导致同事间上下离心、相互猜疑。

本书旨在**完成以下必要的变革**：

▶从基于恐惧和不信赖的领导力转变为基于相互尊重和相互信赖的领导力。

▶从毫无技术含量的应付式管理转变为统筹管理。

▶从团队竞争转变为团队协作。

阿德勒心理学尤为重视人与人之间的相互尊敬和信赖。其中，“相互”是重点，单方面则是无法实现彼此尊敬与信赖的。许多人即便懂这个道理，也很难将其活用到实际生活中去。因为阿德勒心理学的真谛是要人们学会相互尊重，但许多人把它当作驭人之术。

为了获得长期的效果，我们需要将自己调整到积极的

[1]“叱咤激励”在日语中意为通过大声斥责激励对方，让其振作精神。——译者注

状态。

我曾在研讨会上说过：“**没有自我变革就没有组织变革**。”领导者应先实现自我变革再扩大变革范围。

用3周时间改变自己

下面我来向大家介绍本书的使用方法：

第1周，阅读本书；

第2周，有意识地在生活中脚踏实地实践本书内容；

第3周，将会初见成效。

3周以后你就会发现自己的改变。

通常，3周时间就可以改变一个人。例如，现在请你双手十指交握，看一看哪只手的手指在下面。然后在坐电车的时候、工作间隙等不经意间再用相反的方式（将平时放在上面的手指放在下面）握手。3周以后，连你自己都会疑惑：“唉？我之前是哪只手放在下面来着？”换作双手抱臂时长期改用相反的手臂叠加次序，效果也是一样的。

这样自觉地努力坚持3周，你就能改变以往的做法，养成新的习惯。**理解→实践→掌握**，循环这3个步骤，就能改变自己。即使不能做到完全改变，也可以在一定程度上有所改变。

坚持3个月后，周围的人就会发现你的改变。同事和家人都会说“唉？××变了呀”。

在心理咨询中，经常有人对我说：“我跟下属就是上下级关系，我无论如何也没法平等地看待他。”

这时候我会肯定地告诉他：“只要改变自己就能改变这种状态。”最重要的是，改变自己的态度。

首先，**我们要通过发现下属的优点来改变自己的态度**。

例如，工作时下属见我在找东西，就立刻把我需要的资料拿来了。这件事虽然很不起眼，实际上却很难得，因此我发自内心地尊敬他。

总之，只要下定决心就能改变。

其次，**要勇敢地、自觉地去努力**。下定决心，就不要反悔。

最后，**要坚持3个月**。

如果没有改变，那是因为你没有下定决心。

阿德勒心理学认为，人类行动的大前提是“人都在努力地不去改变”，并努力“重复同一种生活风格”。若能停止这种“努力”，并**允许自己“可以做不同于之前的事”**，就能改变自己了。

例如，你认为“上司必须得保全面子”。如果在会议上，下属出言反驳，你肯定会立刻回击说：“你这是什么态度！”可是，你只要放下面子说一句：“啊，××，你说得很好，我能稍微记一下吗？”事情就会发生改变。

也不用下太大的决心，只要一点点就足够了。**要允许自己“可以改变”。不要端着面子。要尝试对自己放宽要求**。这样你就会认为下属真的说得很好。

育人的重要性和困难点在不断增加。30多年来，我给16万余人举办过演讲和培训，对现场管理人员叫苦不迭的状态深有感触。

阅读本书之后，请大家首先将所学内容活用到自我教育中去。原理简单，成效立见。然后，请将所学内容活用到培养下属以及管理者的集体培训中去，我坚信它会成为一件利器。

衷心地祝愿诸位能够在育人和实现团队成绩最大化的过程中活用本书，并取得良好的效果。

岩井俊宪

目录

序章

第四章

序章

成功的领导者所践行的阿德勒思想

“训斥”指导法的缺点

阿德勒心理学是**“以自己为主人公的心理学”**。

“你就是你自己人生、命运的主人公”，因此面对问题时，是选择有建设性的（积极的）方向还是非建设性的（消极的）方向，你可以作出自己的判断。

试想一下职场上，团队出现问题时，上司是否会对下属这样说：

“我要说几遍你才能明白呀！”

“你可真是没用啊，总是失败。”

“没时间啦，赶紧的！”

“找借口之前能不能先动动脑子！”

诚然，有些下属在受到批评后的确会奋发，但这样的人屈指可数。

被批评后能奋发的下属，即使不加以干涉也会奋发。但是一味地否定迟早会导致上下离心。

无意间，因为自己的一句话而画地为牢

多数情况下，上司在无意间对下属说出上述这些话时，其实也对自己说了相同的话。因为**他用“笨蛋、没用的东西”这些词去反复训斥下属的同时，也对自己施加了相同的心理暗示**。

有这样一则故事。某公司一部门业绩不佳，管理者只是对该部门关注了一段时间，生产性[1]便有所提高。久而久之，管理者对下属的能力深信不疑，下属也坚信自己未来可期，生产性便提高了。

如果上司认定“下属必须靠人监视才干活”，那么下属也会相应地怠惰下来。倘若上司坚信“人人都有进取心”，那么下属也不会辜负上司的期望。

[1] 生产性即生产经营的效率，生产能力。——译者注

假使公司业绩停滞不前，面临管理人员降薪、经费压缩的困境，这时上司若抱着消极的想法，大肆发表否定言论：“糟糕，公司陷入危机了。前途一片渺茫，好景不长了。”这只会徒增员工的不安情绪。

相反，如果积极地看待，“这是公司收缩规模、清除冗余的机会。经营绝非一帆风顺之事，正好可以作为充电期”，就能应对员工的动摇，进而激起他们斗志。

人生选择权掌握在自己手中，**究竟是选择消极的思考方式还是选择积极的思考方式，完全取决于自己**。

“态度”比顺耳的话更能构筑良好关系

阿德勒心理学是“**为自己和周围的人激发勇气的心理学**”。

所谓激发勇气，一言以蔽之即“态度”。

若是在相互尊敬、相互信赖的基础上，上下级间能相互理解，那么“够了！”“不像话！”“笨蛋！”这些话也是可以激发勇气的。这就类似于下属原本松懈，却因上司的话而警醒了。

也就是说，重点不在于措辞是否得当，而在于上下级之间的关系如何。

我在采访中时常会被问及一些偏离重点的问题，诸如“什么话能激发勇气?”“什么话会挫伤勇气?”我认为真正能激发勇气或挫伤勇气的并不是语言，而是态度。无论你的遣词多么委婉恭敬，只要带上嘲讽的意味，就会挫伤对方的勇气。

或许最开始上司的训斥的确掺杂了愤怒的成分，但其实真正传达出的信息是信赖。上司正是因为抱着“你应该能理解我”的想法，才会说出那样的话。

阿德勒心理学中所述的相互尊敬、相互信赖，是一种“思想”，也是一种“价值观”。若不以此为基石，其上层建筑便会不堪一击。

“这样说，能让对方听话”“这样说，能取悦对方”之类的驭人之术曾流行一时，却与阿德勒心理学的主旨相悖。**因为阿德勒派领导力的基础是对他人的无限尊敬和信赖**。故而对其一知半解便加以运用是很危险的。

“认定自己比下属地位高”“在工作上对方是上司，但其实我更年长一些，所以我地位高”“对方是女性，所以我的地位高”诸如此类的上下级关系随处可见，但实际上大家只是分工不同，并没有尊卑之分。

理解上述观点并能以礼待人，这种态度就是“尊敬”。只依靠表扬而做不到基本的相互尊敬，是无法构筑良好关系的。（表扬与阿德勒心理学中的激发勇气是不同的，具体区别将在第三章进行详细介绍。）

如果感觉“尊敬”一词太过郑重，可以说成“respect”

当我在研讨会上提到“尊敬是一种态度”时，常常会遭到反驳。因为一部分人认为所谓尊敬就是指“尊”和“敬”，是一种上下级关系，即下级对上级的仰视。“难道总经理会尊敬下属吗？难道大人会尊敬孩子吗？”对此，人们表示难以置信。

所以，我建议大家将“尊敬”换成英文的“respect”。“我对他真的respect”，意思相同，但在日常对话中更容易说出口，就连对“尊敬”一词有所抵触的人也能轻松使用。

我们常常用“真了不起”来评价成功人士，严格来讲，这种表达是不准确的。因为我们不应该以仰视的目光说“真了不起”，而应该实事求是地接受别人的成功。向日葵和玫瑰各有千秋。正如不能把向日葵染成玫瑰一样，人也不能一概而论，与别人不同也没有什么不好的。

尽管如此，动容地说出“真了不起”，还是可以激发勇气。这就佐证了激发勇气不在于语言，而在于态度。

信赖关系决定激发勇气的效果

日本杰出的舞台剧导演蜷川幸雄去世后，有人问我：“蜷川生前曾向演员扔过烟灰缸和椅子，还曾对他们进行人格否定，利用职权以大欺小。那从阿德勒心理学的角度来看，他应该算个乖僻的人吧?”

为此，我还专门在博客上写过一篇文章。文中提道：或许从某种意义上来说，蜷川导演可以算得上是一位激发勇气的践行者。因为对他表示尊敬和感激的演员也不在少数。

“笨蛋，真是够了!”藤原龙也曾这样被蜷川导演痛骂过。但我从新闻上看到他在蜷川导演的告别仪式上发表祭文，由衷地感谢蜷川导演对自己的磨炼，其间数度哽咽，悲恸不已。他在祭文中说道：“听到排练录音带时，我的心被击溃了。蜷川导演对我说：‘不要甘于当一个亚洲小岛国的凡庸演员。你要让自己更痛苦一些，把脸埋在‘泥水’里痛苦挣扎，到了真的没有办法的时候就举起手，我一定会抓住它，把你拉上来。’”[1]

也就是说，蜷川导演通过叱咤激励激发了藤原的勇气。

在阅读关于二宫和也的报道时，我发现了另一件令我震惊的事——蜷川导演竟然从未骂过二宫。

蜷川导演用恋人般的语气对二宫说“你要这样、这样去演。这一次不行没关系，但我相信你一定可以的”，这也的确激发了二宫的勇气。可见激发勇气的方式是因人而异的。

激发勇气的效果并非取决于措辞，而是取决于态度以及双方间的信赖关系。态度以及双方间的信赖关系不同，激发勇气的效果也各不相同。

---

[1] 原文中作者用自己的话概括了祭文中的几个不连贯的片段，为了防止读者难以理解，译者对这一段完整的祭文进行了补充。——译者注

进一步讲，这是由演员自身的承受能力所决定的。恐怕许多人曾被蜷川导演打击过，即便如此，他们依然能从困境中奋起，这还是得益于蜷川导演的严格执导吧。

事例学习

在你担任课长[1]的第一次会议上，从育人的角度，你会对下属说什么呢？

①“敷衍了事、听之任之，是不负责任的行为。我会严格管理，全力以赴履行课长的职责。”

②“我信赖大家。作为课长我愿意充当大家的催化剂，根据每个人的个性，制订措施，充分发挥大家的个性优势。”

③“我也曾在基层工作过，大家的心情我都能理解。因此大家今后就按照自己的方式通力协作，愉快地共事吧。”

[1] 在日企管理职位称呼中，从高到低依次为部长、次长、课长、系长等。课长负责管理监督职员工作，是一般职员的直接领导，是部门中一个课的负责人。——译者注

①乍看之下还算不错，但不免有些管理过度。反过来讲，我们可以认为，严苛的管理也是出于对下属的不信任。

③属于放任主义。我们偶尔也会让下属放手去干，但不分对象地听之任之，是一种不负责任的行为。

培养下属时，需要创造机会让下属发挥个性优势，因此像②一样充当催化剂，因材施教，挖掘出下属的闪光点是极为重要的。

用阿德勒心理学思考当代理想的领导者形象

公司是由**生产性和人性**这两大原理构成的。

生产性的着眼点在于“高品质、高效、本质上的、安全安心的”。

人性的着眼点在于“如何与有血有肉的人相处”。

平衡好二者之间的关系才能使组织顺利运转。然而在1995年前后，成果主义[1]传入日本，此后“生产性至上，结果至上”的观点使得人性被逐渐轻视。

[1] 成果主义指成果主义人力资源管理制度。其主要内容为：在人事管理中，根据业绩和成果评价被雇佣者，并根据该评价的内容决定工资和人事调整等。——译者注

只重视生产性所带来的风险

我们在此列举出生产性的3个特征：

第一，“挑毛病”。也称为“减分主义”，即指出缺点并要求改正。

第二，重视结果。

第三，杜绝失败。

由此可见，生产性中隐藏了巨大的风险，即**过分关注缺点**。

从行动的频率来分析，人的优点约占95%，缺点约占5%。然而，在“挑毛病”文化中，人们习惯于彻底地指摘缺点，纠结于“怎么又犯错了”，于是**在这5%的缺点上用力过猛**。因此人们完全忽略了优点，只着眼于消极方面，并常常将“又犯错了”“做不到”挂在嘴上。

纵观全世界，日本的“挑毛病”文化尤为显著。不仅在职场上，在家庭和学校教育中“挑毛病”文化也同样根深蒂固。回顾儿时，按时起床、认真刷牙、好好吃饭之类的事，本应算作优点，却成了理所应当。相反，穿错鞋子、帮厨时打碎餐具、考试做错题之类的毛病，即便只是小概率事件，也会被看作常态。

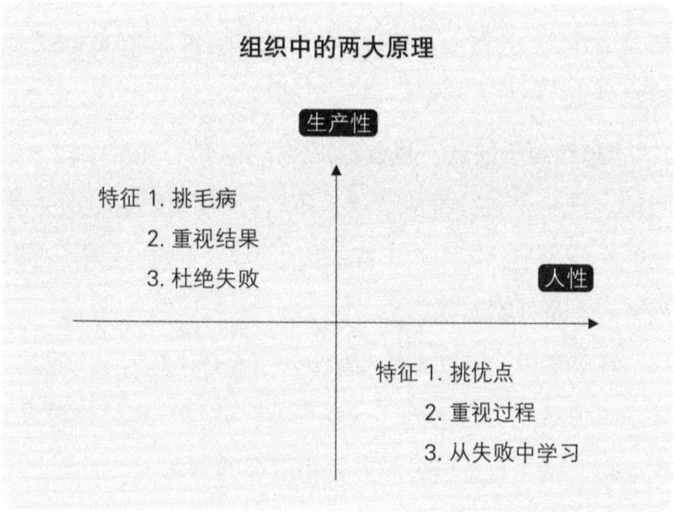

就算你考了70分，人们也常常会说“满分是100分，你还差30分呢”“这里没做出来”“那里也不完美”。

于是，**我们从小便被人指摘到体无完肤，还被灌输了“减分主义”思想**。

我们可以从《广辞苑》[1]中查到“挑毛病”，却查不到

[1]　原文为「広辞苑」，这是日本最有名的日文词典之一，由岩波书店发行。——译者注

“找优点”。“挑毛病”一词原是舞台剧等导演的执导用语，其真正被人广泛使用应该是在“挑毛病”文化传播开来之后。

自幼在“挑毛病”的教育中成长，没受过表扬，这种情况在长大以后会愈演愈烈。（具体将在第四章详细说明。）

“越纠结于缺点，越容易犯错”，这是心理学中的一大原理。当一个人被批成“这也不行”“那也不行”时，其实他在行动上乃至人格上都遭到了否定，他会感到“自己是个一无是处的人”。

在对话中，连问3次“为什么”就会让对方陷入尴尬，并让对方感觉自己遭到了人格否定。同样，连续挑对方3次毛病，就不只是指责对方行为层面的问题了，而是上升到了人格层面。

从习惯“挑毛病”到习惯“找优点”

铃木是公司的中坚力量，最近他突然变得容易紧张，还很在意别人的看法，就连讲解一直引以为傲的企划说明时也不知为何变得磕磕巴巴。

为什么会这样呢？原来，最近公司体制变更，空降了一位相当严格的上司。铃木感觉自己时刻被上司监视着，于是既不敢偷懒，也不敢犯错，每天紧张兮兮的反而没法发挥出正常水平。

因此，即便之前铃木自认为有一定的工作能力，现在这点自信也荡然无存了。

不仅是铃木，周围的同事也有同感。此前部门内的氛围一直比较轻松，大家能够通力协作，而现在同事们因担心上司会降低对自己的评价而惶惶不可终日，甚至连个小玩笑都不敢开，更别说对他人敞开心扉了。

在这种氛围下，甚至连大家的关注点和对话的中心都变成了对他人的诽谤，诸如"××是错的/对的""××没做完""××没有做"，同事间的小摩擦亦是接二连三地出现。

如若上司鼓励大家用这种否定的眼光去关注不恰当的行动（尽管这不是最初的目的），那么职场势必不得安宁。

关注习以为常的"恰当的行动"

如前文所言，人的行动中优点约占 95%，缺点约占

5%。在“挑毛病”文化的影响下，人们常在这5%的缺点上用力过猛。

于是，被指摘的一方会更容易犯错误。这就是心理学中的**“强化效应”**，即**“如果人一直被指摘，反而会愈加无法改正自己的缺点”**。例如，铃木在进行企划说明讲解时，听到上司说自己结巴，反而更加无法流利表达。因为他受到了关注，所以口吃的频率增加了。

用否定的眼光看世界，就只能看到不恰当的行动，但**实际上恰当的行动却多得多**。故而上司需要转变思想，不要一味地指摘对方的缺点，如果能将刚才的话换成“你的演示真是非常有视觉冲击力呢”，就会逐渐发现下属更多的优点。

比如，下属以前写发票的方法有误，这次改正了；以前录入表格需要一小时，现在只要30分钟；以前上班经常迟到，现在反而会提前一会儿到公司。甚至早上热情地打招呼、认真作报告、认真写计划书，都是恰当的行动。只不过在生活中我们对此习以为常，一味关注没做到的事情，才会感到对方的行为多有不当。

例如，上司指责一位下属迟到次数太多，但这位下属不过是一个月里迟到了几次而已，依旧不失为一位工作认真可靠的好员工。上司却因为过分关注下属迟到这一缺点，以致忽视了他在工作上的优点。

如此一来上司便为其贴上了“总是迟到，不可救药”的标签并一味苛责，从而导致下属逐渐丧失了工作动力。

所谓激发下属的勇气、燃其斗志，说到底，也不过是实事求是罢了。

假设下属实际上一个月只迟到一次，可是上司在主观上过分关注其迟到行为，从而产生了该下属每两天就迟到一次的错觉，于是怒斥道：“你总是迟到，真是无可救药啊！”进而为其贴上了“废物员工”的标签。

相反，倘若上司能多关注恰当行动，那么下属不恰当的行动就会减少。如下属热情地打招呼、帮忙倒茶、迅速地接电话、昨天没做完的工作今天完成了，哪怕在小事上有些微的进步，上司也要对这些恰当的行动加以认可，并予以赞扬。上司带着这种意识重新审视下属，就能用善意的眼光看待下属了。

事例学习

假设你接手了一个业绩低迷的课[1]，你会进行怎样的心理建设呢？

①认为“这是一个考验我能力的机会”。

②愤恨道：“这是给我降职了啊。”

③接过前任的班，争取别让业绩继续低迷下去就行了。

被调到业绩低迷的部门，很容易产生降职的感受。但若能抱着破釜沉舟的决心奋起直追，那么这就是你反败为胜的机会。

争取风险最小化的领导者会接过前任的班，努力将风险最小化，但作为领导是不合格的。即使对降职愤恨不已也无济于事。争取机会最大化的领导者认为业绩低迷时反而机会最多，可以说这是一种比较理想的领导者。

[1]“课”是日企中常见的管理单位，比如“营业课”。——译者注

关键词是“面向未来”

阿德勒心理学“**不是拘泥于过去原因的心理学，而是展望未来目标的心理学**”。

其基本观点是“人类的行动都是有目的的”，称之为**目的论**。人的行动都是由意志决定的。意志是连接未来与现在的桥梁，用以思考为达到目的应采取怎样的手段。

相反，也有人会一味地思考“为什么会这样呢?”“是什么原因导致了这样的结果呢?”这称为**原因论**。探究好结果的原因固然无伤大雅，但若对坏结果的原因加以探寻，人们便会怨天尤人，产生强烈的受害者意识，并将自己视为悲剧的主人公，以博取同情。

从原因论（面向过去）到目的论（面向未来）

公司制订了下一年度的公司方针和部门方针。各课也需要做好自己课内的计划。假如你是课长，在课内会议上你会如何对下属说呢？

①重视下情上达，对大家说：“每个人都思考一下，我会在此基础上综合考虑，制订咱们课下一年度的计划。”

②“公司的方针是……部门的方针是……咱们课的工作重点是……当然我还是想听听大家的意见，所以希望每个人都做好自己下一年度的计划，并交给我。”

③向员工传达公司、部门的方针及课内的计划后，对大家说：“好了，剩下的就是执行了。大家一起向着目标勇往直前吧！”

①在现实中是比较常见的例子，但是在应当优先制定课内计划的时候，将重点放在下情上达上，会延误课内计划的制订。而且制订课内计划是课长的职责，绝非依靠下

情上达所能解决。

③直接无视下属的意见和计划，高喊“达成目标”这一大而空的口号，是毫无意义的。

②选择了循序渐进的处理方式。“公司的方针是……部门的方针是……我认为咱们课的计划应该是……在此基础上还需要大家……”这是比较理想的处理方式。

领导者的第一要务是提示“目的”

通常人们将领导者的职责定义为以下几点：

▶带领为了达成某种目的或业绩而组建的团队。

▶负责了解团队及个人的活力值（思考成员在团队中能否获得幸福感）。

▶思考团队中的成员，能否通过达成业绩实现人生价值。

上司要想为下属提示目的，**就必须自己先能够充分地把握目的，再亲自传达给下属，并根据下属的反馈不断**

改善。

业绩良好的公司都推行“亲笔式”经营，而非缺乏魄力的“代笔式”经营。经营者会亲自制定经营理念以及公司的方针和目标，从不假手于人。管理者也同样如此。

有这样一则事例。某公司的一位部长深知他的秘书才干出众，甚至认为秘书在某些方面的才能超过了自己。

于是，这位部长经常让秘书代笔帮他写各类文案。在一次决定各部门年度计划的部长会议上，这位部长直接拿出秘书写的计划书，照本宣科地读了起来，结果遭到了群嘲。

原来，这份计划书写得太像秘书的口吻了。秘书再有才干也不是管理者，就算让他去展望部门业务，他也只能从秘书的角度去看待。

立场不同，观点自然也不尽相同。

管理者在公司方针这一大金字塔中处于连接地位，他们既要在公司的方针下管理各个部门，又要在部门内担任领导者。

这里我想说的是：目的与目标是不同的。

当代领导者的观点

理想的领导方式		以往的领导方式
目的论——重视过程		原因论——重视结果
①面向未来	⇔	①面向过去
②经常问“怎么办”	⇔	②经常问“为什么”
③当事人意识＋责任自觉	⇔	③责任者意识＋责任转嫁
④乐观主义	⇔	④悲观主义
⑤激发勇气	⇔	⑤挫伤勇气

比方说，2016年6月，美国职业棒球大联盟迈阿密马林鱼队的外场手铃木一朗击出了自己职业棒球生涯里日美合计的第4257支安打，打破了大联盟最高纪录保持者彼得·罗斯创下的4256支安打纪录，成为世界第一。

此时，多数人认为：“一朗达到了他的目的！”然而铃木一朗本人并不这样认为。

实际上，铃木一朗立志终身活跃在棒球场上。他一直坚持独特的体能训练，为随时上场代击作了充分的准备。他这么努力是为了什么呢？为了尽可能地延长他的棒球生涯，带给大家梦想与感动。这才是他真正的目的。

而刷新日美合计安打数纪录，抑或是实现美职生涯3000支安打，都只能算作他的目标。铃木一朗一直专注于自己的目的。他曾在小学时代的作文中表达过自己的愿望，希望给大家带来梦想与感动，并立志终身活跃在棒球场上。

同样，领导者也**应当提示目的与目标的区别**。上到总经理，下到中间管理层都是如此。

目的回答了**“为什么要做这项工作”**，这其中包含了“理念”“价值观”“信念”“展望”和“梦想”。

而从**目标**的终点是“人的成长”这一点来思考，目标与目的又是一致的。思考“做这项工作的终极目标是什么”，追问“**要达到什么程度**”才能逐渐看清自己的终点和目标值。

例如，“将店铺的营业额提高到多少”只不过是目标，并非目的。而“让顾客得到无上的满足，或者作为员工获得真正的成长”才是目的。

领导者必须具备**将目的还原成目标的能力**，因此只提示目标是远远不够的，还要明确地提示目的。

目标提示的五大法则

上司在提示目标时，首先要做的是**把握目的的最终形态**。反过来说，如果上司不能清晰地把握目的的最终形态，就无法将细节具体化并提示给下属。因此管理者的职责是，将公司大方针下的抽象目标具体化，并让下属付诸行动、达成目标。

第一，**要在全面把握公司大方针的基础上确立自己的目标**。

管理者在与大金字塔相连的同时，又在小金字塔中担任领导者，要亲力亲为地开展管理。

第二，要有期待值。提示目标时要**对下属提出具体的期待值**。

模糊的期待值会让下属不知所措。人生亦是如此，我们首先要制订未来的具体计划，诸如“我想存钱去国外旅行”“我想买房”，然后再朝着这个方向去努力。若能将目标的期待值设置得具体又清晰，下属也会为实现目标全力以赴的。

但若设置的期待值只是画饼充饥、不切实际，那么非但不能激励下属，反而会使他们感到压力山大。

第三，**要给目标设定一个期限**。这个期限是一个完成、截止期限，包括“什么时候完成”以及“什么时候可以停止”。

第四，多数情况下，上司在提出目标时只告诉下属要去实现目标，却没有指示下属“可以停止”，因此产生了诸多不便。

某公司的一位下属一直在统计客流量会增加的时间段，并定期将数据做成报告提交给上司。刚开始下属态度积极，上司也回应了下属的热情。然而时间一长，上司便对这份数据表现得兴味索然。

这让下属有些摸不着头脑。其实从某一时刻开始，这份数据已经完全不需要统计了，但下属依然孜孜不倦地坚持着，因为上司并没有给他“停止”的指示。

因此务必牢记，**目标中还应包含“什么时候可以停止”的指示**。

第五，**要有决心和努力**。要将部长、课长，或者团队中每个成员的决心及努力加入目标中。也许你会认为“让大家各自将决心深藏于心底去实行就好了嘛”。可你并不知道，让大家重新认识自己的决心和努力，能够提高团队的协作意识并激发大家的斗志。

制订计划（理念、方针、目标），是管理者最大的课题。我们常使用“权限下放”一词。作为管理者，下放实行权限固无不可，但若连管理计划的制订都全权委托于人，那就不是责任权限下放了，而是不负责任，可以说这是一个不合格的管理者。

过高的目标会挫伤勇气

领导者的首要职责是分别提示目的和目标。

我想在此基础上追加一点：领导者还需要引导下属进行**困难分解**。要先将目标按等级划分，然后制定实现目标的步骤，告诉下属“先做这个，再做那个”。这其实就是一种“勇气激发”。**激发下属的勇气，并将其引向下一个步骤**，我认为这种援助也是领导者的职责之一。

其次，共享团队目标，并在信赖关系和同理心的基础上通力协作也是非常重要的。

许多人错就错在一上来就只考虑达成目标，而没有制定实施步骤。过高的目标会挫伤勇气，因此领导者需要将目标分解后再提示给下属。

请大家将目标分解成多个可以挑战的小目标，小目标须具备以下特点：

▶**具体的。**

▶**可达成的。**

▶**积极的。**

▶**定量的。**

▶**有期限的。**

只是，在实现目标的过程中，可能会有人落后。倘若人们将落后者视为失败者，则会忘记挑战的初衷。“如果运动员在奥运会等比赛中没有获得奖牌，就是一无所获”，这种想法是毫无意义的。

领导者应当避免用100和0的观点思考问题。为了避免目标坍塌，领导者要明确地告诉下属：“即便没有获得奖牌也没关系，因为你能在挑战中成长。”

成功的领导者会用积极的眼光看世界

相比享乐，多数人更愿意将吃苦作为一种美德，并喜欢使用带有“苦”字的词语，比如“苦劳”“苦学”及“苦涩”。

然而，就**生产性的苦与乐而言，其中乐所占的比例更高一些**。

如果我们一边皱着眉头喊“加油”，一边又在心里描绘着失败的画面，这非但不能激发勇气，反而会被“失败了怎么办”的恐惧所支配。

正如阿德勒心理学中所述，“**事实上，未来与现在都会随着人的意志而改变**”，不是环境决定人，而是人决定环境。

因此如果领导者想让团队进步，就要有自己独到的观点。这就要求领导者用积极的眼光看世界，**将自己身上发生的一切都看作是必要的**。

请大家积极地思考一下，你从自己的过去、未来和现在的失败与痛苦中学到了什么、收获了什么？

我的人生格言是“**乐道**”，这可能是个生僻的词。有时别人会问我：“难道不应该是‘道乐’[1]吗?”没错，就是“乐道”，这个词是我自己创造出来的，大家没听说过也很正常。

“乐道”一词，正如其字面意思，即“欣然于自己的生活风格”。在工作中，我们也要保持轻松的心情。如若只靠人生格言支撑而缺乏享受的态度，迟早会坚持不下去的。

相比痛苦，我更希望快乐地生活。我想惬意地读书，想与优秀的伙伴愉快地交流。在工作上亦是如此，既然一定要完成工作任务，那么与其不情不愿，我更希望能愉快地开展工作。

事例学习

你作为上司，会用怎样的态度领导下属呢?

①明确公司的前景，将组织目标与个人目标统

[1]“道乐”在日语中意为爱好。——译者注

一起来，激发大家的勇气。

②规避风险，将问题扼杀在摇篮里。

③上司不要妨碍下属做他们真正想做的事情，这样可以提高下属的积极性。

①这种处理方式是最理想的。打造有活力的团队，关键是让组织成员牢牢把握组织目标与个人目标，带着公司、课和个人的目标去工作。

②一味地规避风险，会使下属丧失积极性。

③这种“让下属随心所欲”的态度，会导致上司缺乏责任感，滋生放任主义。

第一章

训斥、鼓励、追究……领导者的坏习惯

一味地追究原因容易给人可乘之机

最为常见的问题解决法是原因分析法，其分析步骤为：

首先，确认“发生了什么问题”，并定义问题性质（把握）。

其次，分析该问题产生了怎样的影响（分析）。

再次，研讨问题发生的原因是什么（研讨）。

最后，思考该问题的对策是什么（改善方法）。

以往的原因分析法的确能解决部分问题。比如，机械出现故障时或是给顾客造成困扰时就必须查找原因。特别是在品质管理中，追究原因是最为有效的手段。

但是，**原因分析法不适用于战略性问题以及人为造成**

的问题。因为原因分析法将着眼点放在过去，**容易令人一味地将责任转嫁给过去的经历，而找不到真正的解决方法**。

让我们来看一则事例。

为了寻找新产品不畅销的原因，公司调查了这一年的营业额，结果发现只售出了生产总数的60%，即生产过剩导致了收益低下。为什么这次销路扩大没有达到预期呢？原来是品质过剩导致成本上升，使得商品售价高于其他公司，所以商品卖不出去也不足为奇。问题就出在负责设计的技术部。

若公司就这样将责任转嫁给某一部门，然后宣布"我们的对策是要求技术部削减成本"便草草了事，是根本无法解决问题的。

成本高所以提高了售价，公司应当在明确这一观点的基础上销售商品。因此在思考对策时应当使用**How分析法**，即从**"如何以高价出售商品"的视角**进行推敲，否则将毫无意义。

阿德勒心理学指出"人类的行动是面向未来的""人类的行动都是有目的的"，从这一角度分析，我们可以得出结论：追究原因的处理方式其实并不理想。

在一家经营化妆品的小公司里，有位叫米田的员工。他曾因下属挪用公款而被问责，并被贴上“缺乏管理能力”的标签。每逢人事调动，大家就会将他之前的事拿出来议论一番，并对其能力作出有失公允的评价。十多年来，米田深受其害，最终还是辞职了。

可见面向过去的行动弊病诸多。

解决问题首先要从结果入手。

如果将终极理想看作“树干”，那么其实现方法就是“树枝”，再下一级的实现手段就是“树叶”。我们需要按照**树干→树枝→树叶的顺序思考问题**。

从结果入手，才能找到更有创造性的解决方案。

成功的领导者很少问“为什么”

从人际关系的层面来看，反复追问“为什么”，会令下属难以回答，即便回答也都是借口和辩解。太过纠结于原因则无法得到建设性的回答。

某广告代理公司的柴田为客户的新产品策划了一场演示。然而，由于团队准备不充分，效果并不理想。于是柴田情绪低落地向课长报告：

“对不起，这次的活动不太顺利，我也知道现在说什么都来不及了。”

“既然你们能预料到，为什么没有采取对策呢？”

“因为时间紧迫，所以只能仓促开始了。”

“为什么没时间呢？”

“因为人手不足……”

“人手不足，为什么不早说呢？”

“因为当时我们觉得努努力应该还是可以做好的。”

“那你们为什么还是没做好呢？”

“我们确实努力过了，并且还通宵工作了。”

“通宵都没做好，那不还是毫无意义！”

虽然上司的初衷是想找出解决方案，但这种处理方式**只会让下属明哲保身，并不能扭转困局，相反还会使双方变得感情用事**。

上司为什么会不停地追问原因呢？因为上司依旧对“把握→分析→研讨→改善方法”式的问题解决法深信不疑，故而一发生问题便立刻用“为什么”追问原因。

可是针对人的行动追问原因，会令人难以作答，**对方在为难之下难免说谎应付**。

例如，当上司追问辞职的原因时，下属会说实话吗？下属最多也就是腹诽道：“因为讨厌你，对你忍无可忍啊。”

有位心理学家表示：“**被追问原因时，人们的回答中通常会掺杂50%的谎言。**”

“你为什么要那么做呢？”

“你为什么不明白呢？”

“你这个人为什么总犯同样的错误呢？”

大量使用“为什么”常常会使对方心生隔阂，导致人际关系恶化。

单方面的斥责会令下属紧闭心扉，随口说谎。下属即使道歉也不过是为了应付一时，并不能真正解决问题。

于是团队内部关系恶化，有人开始对上司隐瞒自己的失败。那接下来会怎么样呢？会造成二次损失，甚至带来更大的损失。其实，在问题发生的初期，下属只要向上司汇报便能找出根本对策，但是他的隐瞒和放任导致问题恶化了。

据说就连世界著名企业丰田汽车公司，也不会在销售现场使用“为什么卖不出去”之类的说法。因为即使问了，对方也只会敷衍了事，或者畏缩不前。当然，在制造现场却没有限制这种说法。在使用“为什么”追问时需要分清场合。

上司究竟为什么会训斥下属

我认为对现象和事件追究原因并无不可。例如，熊本为什么会发生地震？生产现场为什么会出现次品？这种不以人的意志为转移的事情或自然现象，就需要用“为什么”去探究。

相反，有些领域并不适合用“为什么”去探究，比如**人的行动**。人的行动不是面向过去的，而是面向未来的。因此，当我们连问三次“为什么”，**就会在第三次质问时，脱离原因分析的层面，转向否定他人的人格**。

那么上司为什么会用Why思维来训斥下属呢？

原因①：长期接受“原因追究”的训练。

这是最主要的原因。上司在自己刚进公司时就开始接受追究原因的训练，对连问“为什么”耳濡目染，以至于后来又将其用在自己的下属身上。

原因②：问清原因便于向自己的上司汇报。

上司问明确原因，便于向自己的上司报告。他们会在报告中写道：“我部门发生了……的事情，然后我们通过彻底地追查，发现是因为某员工犯了……错误而引起的。”写完报告，自己作为上司的任务就完成了。

总之，上司用“为什么”质问下属，不过是为了刷存在感罢了。

原因③：除了训斥，不懂得其他的处理方式。

上司由于不懂得更加有效的处理方式，容易习惯性地陷入Why思维。这一点与原因①是相关联的，会导致上司倾向于追究原因。

出于好意的训斥也会起到反作用

如果我们揪住一件事追究原因，就会牵扯到更多因素。“还有吗？还有其他原因吗？”这样一想，很快就能找出大约20个原因。

可最后依然找不出对策，无法真正解决问题。

有没有真正一帆风顺的人呢？再成功的人，也一定在某些方面经历过失败。

人无完人，任何人都会经历失败与挫折，也都曾有过隐瞒错误、蒙混过关的经历。因此，追问对方“为什么要蒙混过关”，无异于往对方的伤口上撒盐。

“啊，我真是没用啊！”对方听到后会这样自我否定，或者怨天尤人。我认为这归咎于那些不理解孩子的父母或老师。曾经有人在做心理咨询时对我说：“都是因为指导老师在社团活动时做了那样的事，我才变成了现在这个样子。”

有犯人出现，就一定会有受害者出现。正是在受害者意识的影响下，他才会觉得自己的遭遇悲惨至极。

我之前也说过，阿德勒心理学重视的不是Why（原因追究），而是How（接下来要怎么办）。

着眼于未来的目的与目标，将二者统一起来，以此为焦点，我们就能明确接下来要采取怎样的行动了。

“不斥责”并不意味着无视或者放任。我认为**在教育他人及谋求自我成长时，完全可以“指出不足之处”**。我们会发现，完全不予指导的话，对方也不会上心。对于这一点，阿德勒心理学更**倾向于“提醒”，而不是“斥责”**。

在理解了“人类的行动都是面向未来的”之后，具体要怎样提醒对方呢？

▶“我想知道，你为什么会采用这种方法呢?”

▶“我很高兴你能在第一时间向我报告并寻求帮助。”

▶“虽然这次活动失败了，但接下来我可以为你提供什么帮助吗?”

具体方法将在第三章的“提醒方法七原则”中进行详细介绍。

事例学习

你的下属（系长[1]）参加了到任培训。你作为课长想了解一下他的培训感想，以下哪种询问方法更加得体呢?

①“怎么样啊，系长?这次的培训有趣吗?”

②“系长，你这次参加培训有什么感想啊?”

③“那个培训老师从来都是老生常谈，这次是

[1]“系”为日企中最小的业务单位。“系长”是这个业务单位的管理职务。——译者注

不是又讲激发勇气了?”

①这种询问方式，只会让对方回答一句，“是的，有趣”。

③仅代表课长自己的意见与看法，提问只不过是用来佐证自己的推测罢了。

课长真正想了解的是培训成果，即“系长从中学到了什么”，因此，为了引出下属的话题，②这样的询问方式是比较理想的。

为什么不能以恐惧驱动下属

20世纪90年代前期，有位公司经营者不断将自己的员工派去参加猛烈特训[1]。于是我问他培训成果如何。

“员工们回来以后，就像变了个人似的！他们的目光炯炯有神，还大声地打招呼，感觉整个人都脱胎换骨了。”

“那么，半年以后如何了？”

“又恢复原样了。所以啊，为了让他们保持活力，我就不停地派他们去参加培训。”

“结果如何呢？”

[1]“猛烈特训”是指为培养“猛烈社员”而举办的培训。日语中的“猛烈社员”一词是日本经济高度成长期的产物，指为公司牺牲一切、对上司唯命是从的上班族。——译者注

“为了保持这种充满活力的职场氛围，不停地给员工‘打强心剂’，这就是经营者的宿命呐。”

“然后呢?”我又追问道。

“说实话……职场氛围比原来更糟糕了，大家甚至开始相互猜忌了。”

叱咤激励带来的压力会使下属畏缩不前

恐惧、威胁式诱导可以说是在日本经济高速成长时期产生并遗留下来的。然而时至今日，一部分企业经营者仍然对此深信不疑。这种管理体制不过是为了实现管理者的自我满足罢了，至于有没有效果，还真是值得怀疑。

的确在当时，企业经营者的目标都是出人头地。因此从那时起，人们便开始不惜将自己逼至绝境，不分昼夜地加班俨然形成了一种风潮。

然而，叱咤激励会使下属的思想趋于消极，表面上配合上司，实则心生反感。虽然这也能培养出个别出色的员工，但公司的整体生产性并没有达到预期。

我们用一个销售的例子来说明，应该会让大家比较好理解吧。

▶部门里有10人，按照销售额从高到低分为A、B、C三组。

▶人均销售额为100。

▶团队总销售额为1000。

在这一集体中使用叱咤激励给大家施加压力会如何呢？排名首位的A组（销售额约占全体的20%），销售额上升了5成。看起来施加压力的确产生了一定效果，但其实A组之前的业绩就很不错。

而排名最后的C组则变得畏缩不前，对销售的恐惧心理与日俱增，结果反而导致生产性和销售额下降了。

可以说，与其对A组寄予厚望，不如想办法提高B、C两组的销售额。

比起培养“最优业务员”，大量培养“更优业务员”才是明智之举，职场氛围亦会因此变得更加舒适和融洽。

有人曾这样描述上司的叱咤激励。

上司常对他说：“别废话，按我说的做就行！”久而久之，他感到“上司只是拿我当个跑腿的，并不在意我的想法”。这就是人们常说的以恐惧驱使下属。

用权力压制下属将会如何

有时上司会用权力压制下属，结果如何呢？我们将权力压制称为“恐惧”，下属的恐惧反应则称为“战斗或逃跑反应”[1]，即从战斗或逃跑中二选一。

对于恐惧，人们在短时间内还可以承受，却无法长期承受。因此**若是每次都向对方加以恐吓，会使人逐渐麻木，对恐惧丧失反应能力**，即使加以刺激，对方也无动于衷。我们将这种现象称为“习得性无助”[2]。

心理学家马丁·塞利格曼曾通过实验证实了这一理论。

他将几只狗关入一个房间，并在地板上安装了一个能施加电击的装置。在蜂鸣器预警之后地板就会通电，而狗

[1]“战斗或逃跑反应”为1929年美国心理医学家怀特·坎农创建，他发现机体经一系列的神经和腺体反应将被引发应激，使躯体做好防御、挣扎或者逃跑的准备。——译者注

[2]“习得性无助”指一个人经历了失败和挫折后，面对问题时产生的无能为力的心理状态和行为。——译者注

只要跳过隔板就能避免电击。

这里，他将参与实验的狗分为3组。

A组的狗是第一次进入房间。

B组的狗在之前的实验中碰到装置开关时，电击就会停止。

C组的狗在之前的实验中无论做什么，电击都不会停止。

他对这3组狗进行实验后发现，C组的狗与另外两组相比，逃脱的概率更低。

习得性无助不仅限于狗，在人身上也同样适用。连续的恐吓会使人丧失反应能力。一开始人们还会表现出“战斗或逃跑反应”，但时间一长，人们发现所有努力都是徒劳，就不再自发行动。

归根结底，“战斗或逃跑反应”并不利于生产性的提高。下属选择战斗倒也还好，若是选择了逃跑，则很容易阳奉阴违，他们表面上对上司说着“好的，知道了”，其实在笔记上写着与对话毫无关联的内容。而且，恐惧不仅会让成员间的关系恶化，还会破坏团队的和谐。

警惕夸张和过度概括

上司提醒下属，是为了让他们端正自己的行为、改正自己的错误，而不是为了支配他们或是在权力斗争中获胜。

若是忽略了这一目的，为了明哲保身或是施加权威，情绪化地与下属相处，不仅会伤害下属，还会对周围的人产生消极影响。

冲下属发火不仅会使自己不愉快，还会使受到伤害的下属开始隐瞒对其不利的事情。

若上司能认清提醒的目的，应该就能意识到：实在是没有必要训斥下属和感情用事。

管理者往往喜欢夸张

所谓夸张，是指管理者在指摘下属时，使用“一直”“经常”“大家都”“全部”“所有人都”“总是”“立刻”之类的词，将事物说得好像发生频率很高一样。

假设下属尝试了10次，其中有2次失败了。

“你总是犯错!”

“这次又失败了!”

“够了!”

“你什么时候才能成长起来啊?”

“不要犯同样的错误!”

“要我提醒多少遍你才能明白啊?”

仅仅2次根本达不到“总是”的水平，但若听到上司这样说，任谁都不会想要发自内心地去改善，大部分人甚至反而会意气用事地不想改善吧。

林在发送活动邀请函时，不小心把A贸易公司和B建设公司的内容弄反了。

收到邀请函后，B建设公司直接向林的部长投诉了。于是部长就跑去批评林：“你到底在干什么嘛！我之前明明强调过，你听的是什么呀？你总是把事情搞砸，大家都在吐槽你！你为什么总是犯错呢?”

上司之所以使用如此夸张的表达，归根结底还是因为愤怒。但盛怒之下，感情用事地斥责并不会让下属由衷地感到抱歉，反而会使其心生反感，认为“没必要那样大喊大叫”。

▶**冲动的批评，会伤害对方的自尊心**。

▶**生气的上司自己也会不愉快**。

▶**消极情绪会影响周围的同事**。

▶**下属会向上司隐瞒对自己不利的事情**。

从另一方面来看，这种愤怒其实源于措辞，也就是说这是**上司使用了夸张的词语造成的**。

让我们试着注意自己的情绪并对自己说：“别总是犯错误。”当我们用到“总是”这种表达方式时，就能感受到自己的情绪波动吧。

按这个方法，在平时就应该特意避免不经意间使用夸张的词语。

只要做到这一点，你所注意到的情绪就会发生改变。

我们可以将前面的例子换个说法。

“哎，林，我有个事有点为难……”这样开头。

“我知道你一直工作很认真。”一上来就先抛出评价对方贡献的话。

“可是你之前不是把要送给A贸易公司的邀请函放到寄

给B建设公司的信封里去了嘛，刚才B建设公司的总经理打电话来投诉了。话说你怎么会犯这种错呀?”

“对不起，是我大意了……那我现在该怎么办才好呀?”

这时候不要立刻给出指示，关键是要让下属自己去思考。

“B建设公司的邀请函可能被发给A贸易公司了。应该怎么向A贸易公司交代呢?”

“马上给对方打电话道歉，再发一封新的邀请函吧。”

最后也别忘记评价对方的贡献：“你平时工作一直都很出色，今后也要好好干呐。”

我们经常会把“总是”挂在口头上，这里的“总是”是真的吗？上司觉得下属总是犯错，但实际上很可能100次里只有几次出错而已。

上司正因为过于关注犯错这件事，才越发觉得错误明显，不知不觉地用了“总是”，**实际上剩下的90多次还是做得很好的**。此外，我们还经常使用“所有人都”“大家”这些词，仔细想想就会发现，这些表达也是不准确的。

“你的错误，让大家都很为难。”

“你犯了错，所有人都很生气呀!”

上司常常以大家的名义来批评下属，实际上并不是周围所有人都感到为难，也不是大家都生气。

极端地讲，也许只有上司一个人为难的时候，他也会用“大家”“所有人”这样的词吧。

只看到对方的失败而看不到对方的成功，是不公平的。尽可能地关注对方的贡献，不使用夸张的措辞，自然就能够避免冲动地批评对方了。

妄图以权威支配下属的上司是不会获得好评和尊敬的。倒不如肯定下属的贡献，理性的提醒更能赢得下属的信赖。

过度概括会使下属丧失积极性

有时候上司在指出错误时，甚至会搬出和眼前问题毫不相关的事情去指责下属说：“你的工作态度有问题。让你干也白瞎。你还是没得到客户的信赖，太差了！”

这就叫**过度概括**。近乎全盘的人格否定，会使听话者觉得“自己一无是处”。

企划部的伊藤由于不擅长整理，办公桌凌乱不堪。她经常被部长批评：“你的桌面总是这么乱，什么时候能收拾一下？”其实伊藤作为一名管理者，无论是指导下属，还是自己工作，都很果断利落，只是唯独不擅长整理办公桌罢了。

越是被批评，在心理上就越发执拗，于是她更没有整理办公桌的动力了。

就这样每天都被批评的伊藤烦透了。直到有一天，她听到坐在稍远处的一位同事说：“最近伊藤的桌面比之前整洁了。”

这句话给伊藤留下了很深的印象。“哎？比以前整洁了？原来整理桌面这么简单吗？”她这样想着，心情也明朗起来。意识到这一点以后，她逐渐产生了整理办公桌的想法。

像这样，**发现并认可团队成员的微小进步是很重要的，因为任何改变都不是一蹴而就的。**

上司在下属犯错时要这样说：

“你的关注点是什么呢？”

“你要不要尽全力去尝试一个月？当然，发现问题我也会尽量告诉你，我还是希望能看到你的成长。”

“你平时认真工作的态度，令我十分感动，但我希望你能更进一步。因此，我们需要明确一下你能做什么和我能做什么。”

如果能与下属建立这种关系，想必就能在相互信赖的基础上努力工作了。

这样的领导者很麻烦

除了批评，我们再列举一些上司经常犯的错误。

▶喋喋不休，翻旧账。

例如，上司遇到了难题，在指摘下属时，明明只说“希望你能改善一下”就行，但他翻出旧账喋喋不休：“你到底在干什么嘛？那时候也是！说起来，两年前你也犯了同样的错误！怎么不长记性呢？”

▶比较。

有种说法叫“比较3原则”，即人们常做的比较有3种。

原则①：A的优点 VS B的缺点

“跟你同期的人都能做到，你怎么就做不到呢？你是不是傻呀？”

原则②：理想 VS 现实

“原本咱们团队的目标是这样的，现在怎么搞得这么狼狈？还不是因为你拖了后腿啊！”

原则③：过去 VS 现在

“那时候不是能做到吗？说明你还是能胜任的。可是，从结果来看，现在完全没有长进，你到底在干什么嘛？”

“比较3原则”不仅适用于对方，同样也适用于自身。盯着自己和他人的差距加以比较，会催生出自卑感。

“别人能做到，我做不到。我非但完全没进步，反而还感觉退步了。”这样一想，任谁都会产生消极情绪。

这时就需要激发自己的勇气。

▶当众指责对方。

当然，在有些情况下将错误指出来并无不可。如在部门会议中，管理者问道：“在……项目里出现了这样的事。××，你通过这件事学到了什么？就当作项目记录来报告一下吧。”于是下属在报告的同时进行了自我反省，认识到自己的做法存在不妥之处。这作为一种学习方式是非常有效的。

然而，像这样突然被当众点名批评则会让下属颜面尽失：“××这家伙太不像话了，竟然搞出这种事。这个笨蛋，气死我了！”

此外，管理者常犯的错误还包括：边处理手里的工作边听下属汇报、从对方的话里“挑毛病”、打断对方的谈话等。

事例学习

你将一份文件提交给董事，却被指出一个小错误。文件是下属做的。满头大汗的你，回去以后会对下属说什么呢？

①“你出了这么大的错，可把我害惨了！你实在太马虎了！你要怎么负责呀？”

②“大家是因为连续加班才出了这种错的。算了，也不光是你一个人的错。但今后必须得好好干呐。”

③“你工作一直都挺认真的，这次也是情况紧急，总算是及时提交了文件。只是文件里对用人经费的划分判断有误。”

实际上这只是小错误，①这种夸大其词、仗势欺人的处理方式会引发下属的不信任。②打了感情牌，却没有交代清楚错误发生的背景。③在用“整体做得不错”来肯定下属的贡献之后，再具体指出其判断失误之处，这种做法是比较可取的。

职场人际关系Q&A

Q：我从阿德勒心理学中学习到，相互信赖和相互尊重是非常重要的。道理我都明白，但我作为上司的自尊心往哪放呢？我和新员工年龄相差将近30岁，和他们打成一片的话会很没面子。我觉得自尊心就是男人的生命。（50多岁，男性）

A：做上司的有自尊心是很正常的。然而，究竟是谁最在意你的自尊心呢？是同一团队的下属吗？是同事吗？又或者是你的上司吗？实际上，是你自己啊。职场上的其他人，都在为自己的工作拼尽全力，他们并不怎么在意你的自尊心。

假设在职场上有位A先生，他从不会在别人身上找优点。比如他的下属，20多岁的小B拿着文件来到他的座位上找他，A先生会目不斜视地说，“先放在那里吧”“现在没空”，说话方式和态度毫无亲和力可言。总之周围的人都很怕他。

然而A先生在学习了阿德勒的思想后，与之前判若两人。现在的他会微笑着接过文件并对小B说“谢谢”“你能提前交给我，真是帮了我的大忙了”。

也许他会懊恼地想：“我这当上司的可面子不保了。”

可是，不管他的行为多奇怪，也不管他的说话方式与之前有多么不同，周围的人最多也只是觉得“咦？A先生竟然会这样说呢”“哦？A先生竟然对小B这么客气呢”。

这样想想，不是挺可笑的吗？

别人对你的自尊心根本不太在意，又有谁会为此不断纠结呢？

正是这份自尊让你变得异常死板、压力山大……

新闻上报道英国脱欧（2016年6月）。脱欧公投的结果显示，赞成脱欧的人超过半数，这导致以日本为首的世界股市股价下跌迅猛。随后一些新词诞生了，如由Regret（后悔)和exit（退出）组合成的Regrexit（悔脱欧），以及由Britain（英国）和Regret（后悔）组合成的Bregret（英国后悔)。

这些新词或许表达了英国脱欧的一种看法，而欧盟的反应很冷淡。

面子和自尊心不过是自我关心过剩的产物，其他人对此根本不太在意。作为上司、年长者，太爱惜面子的话，是没法从下属身上学东西的。如果他们能抛开面子，就能从下属身上学到很多。所以别跟自己过不去，就会轻松很多。

第二章

团体管理的“4个E”是什么？

自我接纳、信赖感、贡献感是基础

在企业培训中，我曾多次问过参加者“有没有自己喜欢自己的人”，并让他们举手表决。但意外的是，大多年轻人说：“讨厌自己。”

就我的亲身经历而言，公司新人的答案比例为：

▶自己喜欢自己的人占2成。

▶自己不喜欢也不讨厌自己的人占3成。

▶自己讨厌自己的人占5成。

在接触过各种各样的公司后，我确信：越是在业绩高的公司，自己喜欢自己的人越多；越是在业绩低的公司，自己讨厌自己的人越多。

讨厌自己则难以教育他人

喜欢自己就是**接受自己的缺陷，喜欢自己的全部，即做到自我接纳**。接纳自己才能接受别人的缺陷，才能转变为积极的态度。

信赖感同样非常重要。缺乏信赖感的叱咤激励，会强化下属的自卑心理，让他认为自己一事无成。因此，管理者越是不信赖下属，越是会给下属造成压力，使下属胆怯不前。

从事IT行业的岗先生说：“我在指导下属时，包括在工作时，会尽可能地给下属留一些机会和余地。”有一次他跟部长聊起了自己参加过的培训，随后与会的一个下属拜托他说：“我也想自费参加，您可以帮我介绍一下吗？”

这位下属就是在“我也想为公司出力”的**贡献感**的驱动下，想为自己创造更多的可能性。

我认为自我接纳、信赖感、贡献感，这三点在企业中是可以实现的。接下来你可以挑战自己。

希望你通过挑战后能够出类拔萃，并且不要安于现状；希望你成为一个变革型的领导，勾画出未来的蓝图，整合公司的资源并实现梦想。

信赖和信用的不同点

或许可以这么说，**信赖就是重视对方的思想和感情的思考方式**。

有这样一则故事。

在电器制造公司工作的森田，被总公司调到地方的工厂去当管理者。当时地方工厂的工会与上层正处于对立状态，气氛相当紧张，斗争一触即发。

而森田对工会表现出彻底信赖的态度。例如，机器的运转率低下，就请人把这些设备撤掉。从常识上来看，这是一种草率的处理方式，一步走错，就有可能使工厂陷入混乱。

但事实并非如此，工厂的气氛反而开始变好了。

谁都能看明白，森田最初的态度并不是为了操纵工会而作出伪装。他是真的相信工人们“想制造好产品”的自发行为。

这就是信赖。**信赖具有改变别人的力量**。

那么，信用与信赖的区别是什么呢？

信用，在英语中写作“credit”，是一个商务用语，指**带有附加条件的相信**，即先确认对方有无恶意，证实没有恶意之后再相信对方。在日语中也有“信用交易”“信用调查”这样的词，却没有“信赖交易”和“信赖调查”这样的词。

信赖，在英语中写作“trust”，是一个人际关系用语，指**无条件的相信**，通常是寻找对方行动背后的善意，并且不求根据。因此trust是一个意义非常深刻的词。日语中有“相互信赖”这个词，却没有“相互信用”这个词。因为信赖是具有相互性和回报性的。

综上所述，信用和信赖的性质是截然不同的。

关键在于，**先从自己开始，选择“信赖”**。

我信赖对方，对方也会信赖我。我们应当撇开上司与下属的立场，先从自己做起。我们也许不会马上收到回报，也许会迷茫，但信赖是和忍耐、决心相伴的。信赖对方，对方迟早会回报我们。

事例学习

这三年来，你的下属一直负责公司宣传册的制作。可是最近你发现，他选择的生产厂家成本比其他公司高20%。你作为上司，会怎样跟下属沟通呢？

①“为什么要选择成本高于其他公司的生产厂家呢？你该不会是和他们串通好了吧？”

②“有人对你和生产厂家的事情说三道四，但我一笑置之了。”

③“据说公司宣传册的成本还能削减20%，你能抽时间解决一下吗？”

这一阶段，上司的态度应该是确认成本高的情况是否属实。仅凭臆测去判断，则很容易产生消极的想法，认为下属怠慢工作或与生产厂家勾结。特别是①，上司更是出于不信赖才这样说。

②这种态度过于软弱了。

③采取了信赖的态度。抱着“这不是事实，只是有可能”的观点去询问，是一种比较理想的应对方式。

是否抱有“同理心”差别很大

不只是上司对下属，多数人都喜欢抓住对方的不足与缺点加以指摘，这很可能会适得其反。不断地指摘会让对方还没改正就丧失了信心。

当然，或许下属确实有很多需要改进的地方。可若上司抱着审判的态度，断言道，“你做得好/不好”“你做得对/不对”，**则会让下属失去参与协作的机会**。

下属有自己的缘由是理所当然的

不管上司的指摘多么正确，如果无视了下属的想法与看法，并将自己的价值观强加于他人，那么一旦下属有所察觉，就很可能会反驳道：“你总是在这挑我的毛病！”

例如，上司对脸色苍白的下属说：“唉？你怎么在发呆啊？还想不想工作啦？一点精神都没有。”可是，或许那天下属碰巧腹泻，却坚持着没有休息呢。

此外，上司还经常说：

“你干不了。你连最基本的水平都没达到。”

“你这点想法要是能拉来客户，还用得着我操心吗？”

“你这种态度真让人着急啊！”

“你的措辞会让客户感到不愉快呐！”

“一点知识储备都没有，亏你还经常参加活动呢！”

每次都被批评的下属最终放弃了与上司沟通。于是他们的对话变得毫不走心：

“您看这样行吗？”

“不行。”

“那您看这样可以吗？”

“这个好，那个不好。”

“好的，我知道了，那就按您说的办。”

乍看之下这段对话很和谐，而实际上只有上司一个人心情舒畅，下属不过是为了不惹上司生气才敬而远之地请示他罢了。

倘若下属频繁请示，上司又会逐渐感到不胜其烦：

“什么，这种事还要一一请示吗？你能不能再自己动动脑子？”

能够解决上述问题的是**同理心**，即关心“对方对什么有怎样的兴趣”。

我们需要认真考虑对方的兴趣和观点，诸如“他是从什么观点出发来提案的呢”“他是以怎样的看法来阐述的呢”。

每个人都有自己的想法与观点。倘若我们能够理解这一点，就能明白：对方的想法和观点与我们不一致也是很正常的。

“你是这么想的呀！从你的角度思考会得出这样的结论啊！”这就是同理心。

然而在组织中，下属的成长程度也是一大问题。在公司、部门或是为达成某一目标而集结的团队中，每个人的水平、技术和能力都存在差异，因此上司应当对下属因材施教。

指导对一切事物都不熟悉的新员工时：

上司需要根据下属的水平进行具体说明：“这是我们

的目标，这是你的任务，我希望你能这样做。”

例如，决定部门方针时，通常由大家一起决定作业的分工及职责，但有时候还需要上司逐个予以指示。

特别是当方针具有多面性的时候，上司一定要以同理心边引导边推进：“你是这样考虑的呀！难道不也可以这样想吗？这样做会如何呢？”或许上司会因此不胜其烦，然而“欲速则不达”，只有细心引导才能让下属成长。

随着下属的能力逐步提高，接下来上司的任务就是信赖下属，并思考委以什么工作。

对待老员工时：

上司对待老员工的态度需要有所不同。老员工对公司和上司都很熟悉，因此只要对他们说“有个这样的大目标，我希望你这样做”就足够了，过于详细的提案反而会使他们产生不被信赖的感受。

例如，在定下了一个大目标之后，诸如决定工作推进方案、个人职责、作业分工、选定团队及搭档之类的事，上司就不要插手了，要放心地交给下属。

只要对方没有征求你的意见，就不要过多地干涉。即便他们的做法和你有所不同，也不要以自己的见解作出判断，更不要摧毁对方的劳动成果。还有，与其用主观上的不满挫伤对方的斗志，不如给予其密切关注。

用“4个E”指导停滞不前的下属

我们要如何燃起团队的斗志呢？

下面我来向大家具体介绍一种方法，我把它称为“4个E”法则。

①激发勇气【Encouragement】；

②兴奋【Excitement】；

③积极性【Enthusiasm】；

④内心的充实【Enrichment】。

首先是①，我们要有激发勇气的能力。阿德勒心理学将激发勇气定义为**“赋予人们克服人际关系中各种困难的活力”**。可是，并非所有事情都可以通过激发勇气来解决，我们要做的是通过激发勇气来督促对方面对挑战。

②【兴奋】是指人们对工作本身感兴趣。比起需要由别人来管理，出于兴趣、自觉地工作更能发挥出自身的

能力。

从工作中发现③【积极性】，人们便能够积极地行动起来。

然后由牵制竞争对手的竞争原理，转为与周围人通力合作的协作原理，即④【内心的充实】能使人对自己的职场生活感到满意，并越发燃起工作的热情。

上司的任务就是要用“4个E”指导下属。

如何运营积极奋发的团队

一方面，领导者要**绘制出未来的蓝图**，类似于“自己要将团队往什么方向推进”“会产生怎样的结果”，并**以此激发下属的贡献欲**。

另一方面，领导者还要思考组织化问题，比如“未来蓝图及战略的适用对象”以及“如何部署才能充分发挥下属的个性”。

当然，上司自己也在发挥个性的队列之中。**要让包括上司在内的每个人都能切身感受到幸福，要促进大家的人格成长**。领导者只有做到这一点才能打造出充满斗志的团队。

领导者的热情能让团队整体奋发

某公司的业务部长曾提议：“我们要在日常营业活动以外再成立一个项目组。”

该项目组并不负责公司内部的工作，而是负责各地区的调查和提案。例如，江川负责关东地区、久保负责中部地区、木村负责关西地区，这样一来就能集齐所有必要的信息了。

“然后我们再办一个2天1夜的培训，到时候可以让大家报告一下收集到的信息，这应该会对地域战略有帮助。”

“要将按地域划分的经销制度应用到此前全国范围内多家代理店所掌握的市场中去。”部长边说边在心里描绘着这样的剧本。

于是下属们也按照剧本调查、分析、写成并发表了报告。

“你说得很对，你的提案确实很有说服力。其他人呢？”就这样，部长参考了下属的看法，实现了当初剧本里的预期效果。

以前，关东地区的营业负责人即便想要对关东地区进行调查提案，也只能止步于现存经验。而此次成立项目组正是为了打破这一窘境，让大家能以“旁观者”的角度看待自己负责外的区域。

是部长的工作热情和新想法让下属奋发前进了。

有才能的领导会说：“我们有一个这样的工作，想要尝试的人可以参与进来。”这时候能**自觉参与的，一定是积极行动的下属**。一旦有人率先行动，周围的人亦会逐渐活跃，从而带动停滞不前的人。若是上司想让下属去负责这项工作，那么相比激励不想参与的下属，鼓舞想做而不得要领的下属更能提高生产性。

下属停滞不前都是有原因的，**要么是因为没有目标，要么是找不准自己的位置，要么就是不知道自己要做什么**。他们往往需要一定的条件才能燃起斗志。

从数量上来讲，这种**停滞不前的下属要远远多于才能出众或是全然无能的下属**。

在OA机器制造厂工作的吉村，27岁时被调任到关联公司。此前他一直在总公司的营业部门任职，工作相对自由，可以自行定夺。然而在关联公司，工作内容限制诸多，收入也远低于预期。虽然这里有个分店长，然而其没有决定权。

吉田因为找不到自己的位置而深感焦虑，忍无可忍之下便递交了辞呈。很快这件事传到了他原来的上司——总公司的营业部长那里。

部长将吉田叫来，却没有立刻批评他：“什么嘛？你竟然想辞职！”而是这样对他说：“我知道你在公司工作认真，也很信赖你，原本希望你能代替我在那边大显身手的，听说你要辞职，我都不敢相信。你方便跟我说说为什么想要辞职吗？”

于是，吉田将事情原委毫无保留地告诉了部长，部长则将他的辞职信收了起来，并跟他约定好：尽力帮他解决收入及业务方面的问题。

事实上，部长的确想方设法为吉田解决了问题，并且还专门告诉他：“你跟我说的这些问题，我这样处理，今后就会改善了。”

事后吉田才知道，部长找他的那天，刚好有国外的客户来访，部长为了见自己，专门推掉了晚会。

“部长信赖自己，还平等地与自己相处”，吉田被部长的人格深深打动了。他心想：“部长并没有邀我去喝酒。如果边喝酒边说，我会觉得他在用喝酒搪塞我。相反，他还对我说：‘等你冷静下来，我们再去喝一杯吧。’那时候我就下定决心，要在关联公司重新开始，绝不辜负他对我的信赖。”

倘若当时，部长一上来就不分青红皂白地诘问：“说！你为什么辞职？”吉田就越发会钻牛角尖，部长也会损失一位才能出众的下属。是部长的诚意以及“想要培养下属”的态度调动起了吉田“想为公司作贡献”的心情。

熟练掌握“4个E”的领导者，就能在潜移默化中让下属充满斗志。

事例学习

你会如何应对下属的失败和成功呢？

下属失败时：

①“你可真是没用啊！”（使用诘责的口吻）

②“你在这次工作中学到了什么呢？”（鼓励下属从经验中学习）

下属成功时：

①“你别得意忘形，也不想想这是谁的功劳。”(打心眼里没有替下属感到高兴)

②“你这次非常努力，辛苦你了，我也很开心。”(表现出为下属感到高兴的态度)

不擅长培养下属的人往往会采取①这种方式。跟着②这种思想积极的上司更容易成长。

打造最强团队需要强化共同体感觉

职场中的人性格各异，因此人们常常会想“只要给自己行方便就好了”。你的身边有没有这样的人呢？

阿德勒心理学的教育与咨询，都是以**提高共同体感觉**为目标的。

共同体感觉原本是一个社会学用语，德语中写作“Gemeinschaftsgefühl”，英语中译作“community feeling”。正如其字面意思，人们将其定义为：**在家庭、地域、职场、同好会中的归属感、信赖感、贡献感的统称**。

是否拥有共同体感觉，**是衡量一个人精神健康与否的标准**。

日本企业是传统的共同体式功能体

企业、政府机关、军队等功能体是有别于共同体的。

共同体重视成员的心情、伙伴意识以及公平感与安心感。而功能体的目标是达成外部目的，故而功能体重视生产性，追求以最少的费用达到最大的效果。

即便如此，从人际关系的角度来看，共同体感觉也尤为重要。

特别是日本企业，是传统意义上的共同体式功能体。若是一定要将其分类，则应归为功能体，但它同时兼具共同体的职能。

例如，在美国的企业中就不存在所谓的老友会。在美国，离职的人是不会与在职的人再会的，所以他们也没想过退休以后要一起打高尔夫球。他们就职后是没有联谊会的，故而也就没有迎新会和欢送会了。

而日本企业刚好相反。

我们来讲一个日本传统企业的经典案例。一位女性在20多岁时，曾在某工厂工作过2年至3年。现在她已经70

多岁了，依然每年都参加该企业举办的联谊会。

将共同体感觉付诸行动，一方面需要的是“更加丰富的人际关系”。**尊敬、信赖、合作以及由同理心带来的圆满的人际关系**是将共同体感觉付诸行动的起点。另一方面需要的是对公司的贡献感，即有共同体感觉的人在公司能找到自己的位置，信赖身边的人并能对其有所贡献，哪怕只是尽微薄之力。

这一点在阿德勒心理学中最为重要。

扩张型企业很重视共同体因素

日本企业原本就兼具了共同体与功能体的职能。然而自20世纪90年代中期，新自由主义催生出的成果主义引入日本企业后，二者逐渐被分离开来。在成果主义的影响下人们纷纷主张“功能体是功能体，共同体是共同体，企业不能过于重视人情或者敷衍了事，应当按劳分配”。

最近，这一趋势有所弱化。如今的扩张型企业非常重视共同体因素，强调“缘分”“羁绊”等心灵的归属感，如谷歌。

共同体感觉并非“我”的意识，而是“我们”的意识，它强调“我”只是“我们”中的一分子。

因此，如果团队中有人说“给自己行方便就好”或是抱着“这不是我的分内之事”的态度拒绝工作，我们就要告诉他：

“我希望你为了大家去担任这项工作。”

“这项工作需要你的帮助。”

“我希望你也能贡献自己的一分力量。”

像这样去引导他**建立起共同体感觉**，最后将会**拉动整个企业的业绩增长**。

职场人际关系Q&A

Q：最近其他部门的一位男同事与我多有争执。

他大概比我大15岁，是个自尊心很强的人。有时我明明说得很对，可他不仅不承认，还恼羞成怒。

我跟同组的一位略微年长的女同事谈起这件事，她却说："男人就是这个样子啊。他们可不喜欢从年轻女性的口中听到正确言论。"我有点不明白，男人的自尊心都这么强吗？

A：这个问题的重点在于，你是在什么情况下与他针锋相对的。

假设你是A，与你敌对的男同事是B。

很可能A并没有一对一地与B沟通，而是直接当众发表了正确言论。

所以，B真正在意的并不是“A的正确言论”，而是“周围的人对此如何看待”。这就是所谓的“男人的面子”。

据我推测，B在公共场合（总经理参加的会议等）与在私下场合（公司里等）的说话方式及态度肯定是有区别的。

或许他在总经理面前会站姿挺拔，认真地使用敬语，而下班后一坐上回家的电车便会放松下来，甚至回到家里还会与家人说说体己话。

假如，当A想跟这位男同事说事情的时候，能先打个招呼：“B先生，可以过来一下吗？我想跟你商量一下关于这个项目的一些问题。”然后A和B转移到一个没有其他人在场的地方再告诉他：“我对这个项目的这几处有些不放心，个人觉得这样做可能会比较好。”那么B会更容易接受。

可是，面子来源于场[1]的力量，因此若是B在正式场合或其他人在场时，听到了同样的话，他可能会想：“我绝不能让步！”

实际上，他想反驳的不是A的提案，而是周围人的反

[1] 所谓场，就是环境。心理学家把外界环境描述为一个场。——译者注

应。他想表达的是：“你又开始跟我抬杠了。”

特别是，如果B听到A用别人也能听到的音量对他说：“我觉得这里不对，你觉得呢？”B就会认为：“你是故意跑到我这里来攻击我的吗？真是个讨厌的家伙。”

当然，原本性别、年龄等因素与工作是毫不相关的，是场的力量催生出了复杂的关系。

即便A只是想说出正确的观点，并不想攻击对方，B也会认为她是抱着“我是来惩罚你的”这一念头来找碴儿的，从而摆出一副防御的姿态。

因此，还是一对一的沟通会比较顺利。

第三章

让下属自然而然地燃起斗志的阿德勒心理学

最强团队所践行的四个方法

如前所述，阿德勒心理学所重视的激发勇气是指**“赋予人们克服人际关系中各种困难的活力”**。

激发勇气的具体方法多种多样，在本章中，我将为大家重点介绍团队沟通中激发勇气的有效方法。

激发勇气的方法一：“找优点”

在序章中我们讲过，组织中存在两大原理，即生产性和人性。那么，具体怎样做才能激发勇气呢？“找优点”便是方法之一。与以往的“挑毛病”不同，“找优点”是将关注点放在已经做到的事情上。

例如，对于停滞不前的下属，要着眼于他们的优点。

“××，你知道吗？这项工作你完成得非常好。”

“我其实没有什么能力的。”

“不、不，怎么会啊。你不是也挑战成功了嘛。”

然后，在心理学中的“强化效应”的作用下，受到关注的行动出现频率将会升高。理论上来讲，我们**越关注优点，优点就会越多，缺点就会越少**。

许多日本人正是因为习惯于关注缺点，才会使缺点越来越多，进而陷入恶性循环。

在第一章中，我们曾举过一个例子——不擅长收拾东西的伊藤。部长认为伊藤的办公桌凌乱不堪，可是不管让她找什么资料，她都能立刻找出来。她的桌上虽然东西繁多，却都是按她自己习惯的顺序摆放的。她本想着“我要是找不到东西，你再说我也不迟”，可是部长依仗着权威说道，“我都已经提醒你了，你却一点都没有收拾的意思”，甚至还在会议上对总经理说“我会让伊藤收拾的”。于是伊藤越发执拗起来。

“找优点”式的激发勇气就是摒弃“挑毛病”文化，并**认可已经做到的事情，哪怕这极其微小**。

我曾在心理咨询中阅尽职场百态，其中“为什么”式的攻击占据绝大多数。如果能将“找优点”付诸行动，首先就可以改变职场氛围。所以请大家积极地去“找优点”吧。

激发勇气的方法二：重视过程

生产性会使人们优先注重结果，可是努力之后却没有结果的情况也不在少数。

重视结果的领导者有个特点，就是往往只关注结果却忽略了过程。即便下属取得了一定成果，他们也会指摘道：

“完全没有取得成果嘛……”

“根本不行嘛！”

如果没有取得与努力相称的成果就是“没用”，那么下属很可能会气馁地想：“啊……这项工作不适合我呢。”

在下属取得成果之前，上司依然可以使用以下两种表达，通过重视过程的方法激发下属的勇气。

①用已经取得的成果来激发勇气。

“跟从前相比，你真的非常努力了。记得你刚进入团队开始工作的时候，还一点头绪都摸不着呢。你能成长到现在的水平，所付出的努力我都看在眼里。”

②用未来可实现的成果来激发勇气。

“你说这项工作没有取得成果。可是我觉得会有的，一定会有的。也许现在你会因为努力与成果不相称而烦恼，可是你看着吧，以现在的状态再努力两三个月，一定能取得成果。我相信你可以做好，也希望你能有所期待。”

相信听了这番话，停滞不前的下属也能够产生“再尝试一次吧”的想法。

激发勇气的方法三：学会从失败中吸取经验

许多企业因为重视生产性而选择将“杜绝失败”当作目标。

在第一章中我们曾提到过，如果以“杜绝失败”为目标，那么一旦有人失败，便会被周围的人看作失败者。

然而，阿德勒心理学却能从失败中发现以下两点价值。

第一，失败是“挑战的证明”。只有挑战过，才会出现失败。若没有挑战过，是不会有任何结果的。阿德勒心理学探寻的是挑战本身的意义。

第二，失败也是一个学习的机会。让我们来回顾一下至今所学，想必有些是“从失败中吸取的经验”吧。有没有人认为“从成功中学到的经验”更多呢？相信多数人都会选择前者。

“那时的失败曾让我痛苦不堪，但经过时间的沉淀，我从中吸取了经验。”这种从失败中吸取经验的态度是激发勇气所不可或缺的。

激发勇气的方法四：感谢

方法一至三都是从生产性的角度出发，而方法四则是单纯从人性的角度出发。

通常情况下，你会把“谢谢”说出口吗？你是否会因为觉得理所当然或是羞于表达而无法说出感谢的话呢？

其实多数情况下，当你感谢对方时，对方亦会有所回应。因此请试着多多表达感谢之情吧。

将这4个方法付诸行动，激发勇气就可以在你的领导力中发挥作用了。

类而不同的表扬和激发勇气

曾经有人问我：激发勇气就是表扬吗？虽然二者都采用了“找优点”的方法，但性质截然不同。

首先，**表扬是对优点加以评价，并予以赞赏**。

可是，这就相当于将“糖和鞭子”[1]中的鞭子藏了起来。这是一种评价对方的态度，意图通过一些甜头来取悦对方，使其采取某种行动。

表扬只有在纵向的上下级关系中才能成立，并且只能由上司对下属使用。

我们来打个比方。假设某公司的总经理将员工召集起来，就今后的工作方针举行了一场演讲。倘若这时一位员工走过来说：“总经理，您讲得不错嘛！世上无难事，只

[1] 日语惯用语，意为软硬兼施的手段。——译者注

怕有心人呐。”那么总经理肯定会因为自己被小看而怒不可遏。

相反，如果这位员工说：“总经理，听了您今天的演讲，我特别感动，能在这里工作真是太好了！”这样便是激发勇气。

激发勇气是**以同理心激励对方**，而非阿谀奉承，只有在对等的横向关系中才成立。

需要注意的是，对受表扬的一方来说，受表扬会成为其行为的动机。

例如，下属听到上司说“呦，行啊，工作干得不错”，便会心情大好，并希望进一步受到表扬。于是他开始为了受表扬而努力工作。但实际上下属的行动是依存于上司的，也就是形成了一个由外在动机推动的机制。

为了不断得到上司的好评，下属开始察言观色地工作，上司在场时便埋头苦干，不在场时就消极怠工。这归咎于下属将受表扬当作了自己的行为动机。

但是，**真正热心对待工作的员工是独立的，他们能够激发自己的勇气**。

这就是表扬与激发勇气的最大区别。

“如何能使自己善于褒奖”的鉴定考试曾流行一时。

参加过考试的人动不动就对别人说："太棒了！"

"太棒了，你真了不起！"

可是大家不觉得这话说得太过刻意吗？

虽然组织考试的项目团队介绍了诸多通过表扬实现组织变革的事例，可我认为这些变化只是一时的。

我们的周围，时常会有人使用捧杀，这种人应该别有用心吧。虽说"猪被吹捧也能上树"[1]这句谚语存在一定的夸张成分，可是坚信"人际交往＝表扬"的人也不在少数。依靠外在动机驱动的人，自身缺乏干劲，只有受到表扬才会燃起斗志，没受到表扬则会斗志锐减。因此，**表扬只能带来短期的效果**。

[1]"猪被吹捧也能上树"是一句日本谚语，意思是人在受到吹捧以后，可以做出超出能力范围的事。——译者注

要有沉默的勇气，并使用倾听式的提问法

沟通能力包含了“表达”和“倾听”两种能力。说话者（信息发送者）要让对方成为优秀的倾听者，听话者（信息接收者）要让对方成为优秀的表达者，这样才能有效地进行信息交换。

扮演着纽带角色的中间管理层就需要这种沟通能力。**团队顺利运营的关键在于管理者要使对方成为优秀的说话者。**

故而，上司需要将自己置于倾听者的位置。可是在上下级关系明确的公司，上司往往做不到这一点，因此还是会不可避免地出现封闭式对话。

封闭式提问会引发封闭式对话

“你有没有在约定的时间内联络客户？”

“有。”

“你在A公司有没有说签合同的事？”

“没有。”

这种二选一式的提问就叫作“封闭式提问”，即听话者只能回答“是”或“不是”。高频率地使用封闭式提问，虽然能满足上司的需求，却会使上下级之间的关系渐行渐远。而且，下属即使掌握了有用信息也没有机会说出口。

用开放式提问引出对方的话题

与封闭式提问相反，不能用“是”或“不是”来回答的提问称为“**开放式提问**”。例如：

“工作进展如何啦？”

“谈谈你在工作上遇到的困难吧。”

“再跟我说说，与B公司的交涉有什么难点吗?”

这种提问方式不仅可以使下属自由介绍自己的工作内容，还能明确问题点。

封闭式提问由上司主导发言，而开放式提问则由下属主导发言。因此开放式提问能够提高下属的自觉性。

但是**开放式提问只适用于对话的导入及进行阶段**，最后上司应当使用“……是这个意思吧”等**封闭式提问来再次确认对方的意向**。

善于倾听的上司能够灵活地运用开放式提问引出话题。

我们将传统的“5W2H分析法”[1]中的Why去掉，剩下的“4W2H”就是开放式提问的重点。

▶**时间** When。

▶**地点** Where。

▶**人物** Who。

[1]“5W2H分析法”由第二次世界大战中美国陆军兵器修理部首创，广泛用于企业管理和技术活动，对于决策性和执行性的活动措施非常有帮助，有助于弥补考虑问题的疏漏。5W：When+Where+Who+What+Why（时间+地点+人物+内容+原因）。2H：How+How much（方式+成本）。——译者注

▶**内容** What。

▶**方式** How。

▶**成本** How much。

此外，倾听式领导的必备素养是**首先沉默3分钟**。

请先听一听下属的话，然后再提出疑问、发表意见。

有效的说服步骤

诚然打造最强团队的大前提是相互尊重，但偶尔上司也需要说服下属。这时候应该怎么做呢？

说服式交流是在不知不觉间让对方成为倾听者

假设你是课长，一位入职不到三年的下属越过系长直接对你说“我想在这个月底离职”。然而，此时正值公司的夏季特卖，人员紧缺。你会怎么处理呢？

我在企业培训中，曾让大家分角色扮演并模拟这个场景，结果90%扮演课长的人都会问：“你为什么要辞职？”

而且他们往往不考虑对方的情况，只站在自己的立场上追问："你为什么要辞职呢？而且在这么忙的时候辞职，未免也太任性了吧。"

如此一来，这就演变成了"辞职"与"不辞职"的争论，下属也会越发地以各种否定因素解释为什么辞职。

此时不管下属说什么，上司都会认为"这家伙太任性了"，根本无心劝说下属。"在这么忙的时候辞职"这句话本身就是只站在公司的立场上看问题，并没考虑下属的情况。

首先上司应当听听事情的原委，问下属："这件事挺突然的。你能跟我详细地谈谈吗？"

"原来是这么回事啊。我看看能不能解决你的问题。这样，我先跟系长谈一谈，然后再跟你说，好吧？"然后再展开劝说，至于跟系长沟通一事，过后再说也不迟。

或者姑且先听下属讲原委，再加以劝说："你也知道，现在咱们公司正值夏季特卖……"这样下属即便仍要辞职，多半也会选择避开这一时间段。

人们最关心的永远都是自己。因此说服别人的关键在于**以同理心关注对方的关注点，而不是将自己的关注点强加于人**。即首先要尊重对方的立场，倾听对方的想法，然后再陈述自己的观点。这一过程是极为重要的。

说服式交流，就是在不知不觉间让对方成为倾听者。

说服式交流的五大要点

要点①：关注对方的需求。

如前所述，对方最关心的是自己。比如，30个人一起拍了一张大合照，那么看照片的时候大家会先看谁呢？当然是自己。

这是因为人们并不怎么关心与自身利害无关的事。

所以，说服别人的一大要点是——应当先说对方所关心的事，然后再将话题引向自己所关心的事。

要点②：从对方的使命感和贡献感入手。

想必大家都听过泥瓦匠的故事吧。在某个地方，有位泥瓦匠在日复一日地默默砌砖。有人路过时问道：“大叔，你在做什么呢？”泥瓦匠回答：“如你所见，我是个泥瓦匠，正在砌砖。”

面对相同的问题，另一位泥瓦匠却说：“我在建造一所大教堂，正在给它打一个牢固的地基。”

他认为，自己作为一名泥瓦匠，能对建造大教堂贡献一分力量，是非常值得骄傲的。

同样是砌砖，单说成砌砖远远不如说成“为了某个伟大的目的而工作”，使命感和贡献感更能让人体会到工作的价值与意义。

“这是我对你的希望。这是你的职责。”在说服别人时，也需要从调动对方使命感和贡献感的角度加以动员。

要点③：诉诸五感。

诉诸五感也可以说成诉诸感性。如果上司仅从理性的角度劝说，下属会想：“道理我懂，我知道辞职的事的确让课长很为难。可是让我留下来，我也做不到。”

人类的活动分为三种：

其一“理动”，因理而动。

其二“感动”，顺感而为。

其三“行动”。

“理、感、行”三位一体，构成了人类的活动。

因此，在说服别人时，只调动对方的听觉是远远不够的，还要从视觉、触觉、嗅觉、味觉入手，充分调动对方的五感。

其中，画面感尤为重要。

“你担任这项工作，能够获得这样的结果。”动员对方时，要让他在脑海中勾勒出具体的画面。

同样，求婚时也不能干巴巴地向恋人说“我们结婚吧”，应当勾勒出一幅令人神往的画面：“我们去澳大利亚度蜜月，开着红色的车驰骋在广阔的大草原上……我还要在我们新家的桌子上装点上你喜欢的玫瑰花……”这样对方才能产生共鸣。

工作上亦是如此。

要点④：留下关键词。

我在举办企业培训时，曾读过大家写的培训感想，结果令我目瞪口呆。

大家并没有写对培训的整体感想，反而只记录了我讲过的“游戏理论”或是“推动型自我启发法”等关键词。

正如感想中所写，“老师讲的‘游戏理论’很有趣”，**关键词更容易使人印象深刻**。

比喻亦有同样的效果，如果能灵活运用这些技巧，说服别人的成功率就会有所提高。

要点⑤：不要使用命令的口吻，要使用请求的口吻。

“你做一下这个”“你做一下那个”“你这么做”“你那么做”，当下属听到这些命令时，即便想去执行，内心也难免会有拒绝的冲动吧。可是拒绝上司真的很难。因此，就算下属当时服从了命令，心里依旧会留下个疙瘩。

其实，我们平时使用的命令口吻多半可以换成请求口吻。

“你可以做一下……吗？”“你要是能……就帮我的大忙了。”如果下属听到上司这样请求自己，应该不会拒绝吧。

下面我来介绍一则活用了这五大要点的事例。

在某公司工作了3年的坂本被部长叫了过去。

“公司根据你的这次提案，决定建立销售公司。你的提案就要实现了。”

部长在说“决定建立销售公司”之前，先用“根据你的这次提案”引发了倾听者的关注（要点①）。

“接下来我希望你更上一层楼。作为厂商，你工作出色、年轻有为。那么你想不想接触一下新的领域，尝试一下新的挑战呢？”

部长对自己寄予厚望（要点②），这件事激起了坂本的自尊心，于是他甚至连挑战内容都没搞清，就认为“啊，这个挑战听起来很有意思”。

“这是一项光荣而艰巨的任务，对我们公司的流通机构重组极为重要，公司高层对此也相当看重。因此我希望你能承担部分工作。”

部长用“新的领域”“新的挑战”“流通机构重组”“高层的看重”等关键词（要点④）描绘出具体的画面，进一步激发起对方的干劲（要点③），最后还用上了请求的口吻（要点⑤）说：“具体来说，我想让你成为销售公司的中流砥柱，把业绩搞上去。”

听到此处，坂本已经难以拒绝，最终他不得不答应道：“我知道了，交给我吧。”

事例学习

负责社刊原稿的下属已将内容写错好几次了。这次你又在原稿中发现了致命的错误，作为上司，你应当怎么处理呢？

①对下属说：“我想跟你聊一下社刊内容校正的事。”把他叫到会议室，再指出原稿里的错误并讨论一下善后对策。

②为了下属好，发现错误就立即给他指出来。

③与其给他指出这些边边角角的问题，还不如直接帮他改过来。

②这种做法是比较常见的。可是在这种情况下上司很可能会感情用事，无法冷静地指出错误。而且若是其他员工也在场，即便上司不甚在意，下属也会认为自己被羞辱了。如果按照③这种做法，上司自己将错误改过来，那么今后下属还会犯同样的错误。

因此，①这种做法比较妥当。上司需要顾及下属的颜面，将他叫到其他房间后，再理性地与他探讨善后对策以防再犯。

提醒方法七原则

现如今很少有人会在同一家公司工作一辈子，于是许多企业领导者**抱着“培养新人无用”的想法来向我咨询**。

通常，工作的第三年是跳槽的高发期，据说大公司中有3成员工会在这一阶段跳槽，而在中等公司的跳槽比例则能达到5成甚至7成。这一现象被称为“七五三”，昭示了跳槽时代的到来。

员工们跳槽的理由亦趋向多元化。有人想增加收入、提高生活水平；也有人想提高能力、增长阅历；有人认为相比做管理，更愿意发挥自己的专业知识及能力；还有人不喜欢公司的风气。

在日本，找工作不叫“就业”，而叫“就社”，时至今日这一思想依然根深蒂固。我曾给一位东京大学的研究生做过心理辅导，这位理科生此前一直从事癌症研究，他却说“想去贸易公司工作”，这令我惊讶不已。

那么后来怎样了呢？“不应该这样啊。”他发现在贸易公司的这份工作不适合自己，于是转行了。我觉得这种情况在日本会愈演愈烈。

此外，企业中非正式雇佣人员的比例也很高。

有人因为所在公司没有正式岗位空缺而干了临时工，而有人一开始就不想当正式工。1990年仅有2成的劳动者是非正式雇佣人员，这一比例在25年间翻了一倍，2015年已经达到了4成。

与其担心下属跳槽，不如将其培养成“在其他公司也能生存的人才”

许多领导者不知道该如何与年轻人相处，有人认为“现在的年轻人只要稍加斥责，就会立刻辞职”，因此不敢劝诫；也有人曾对年轻人施以指导，可是他们依然我行我素，所以选择放弃。

“最近的年轻人太任性了，要对他们严格一点才行啊”，许多上司抱着这种想法，不分青红皂白地对下属加以苛责，反而会招致反感。

在同一家公司干到退休的人越来越少了。作为领导不能只培养“适合自己公司的人才”，而**应该将下属培养成“在其他公司也能生存的人才”**。

因此领导需要用以下方式与下属沟通。“有缘分的话，希望你能一直在我们公司干下去。如果你有能力又想进一步挑战自我，当然可以选择跳槽。可我还是希望你能先在这里提升一下自己。”

当然，如果下属“对这家公司已经厌烦”，肯定会跳槽去下一家。可若是上下级之间能建立起良好的信赖关系，那么下属就算有能力也不会跳槽吧。

上司不能因为下属随时会辞职而吝惜自己的领导力，**相反更应该思考如何培养下属的职场生存能力，至少要让他具备足以跳槽的技能**。

许多人不敢教育别人，或是在忍无可忍之下而暴怒，是因为他们坚信“训斥会让双方感情用事，互相伤害”，其实他们从一开始就理解错了。

指导下属究竟是为了什么呢？

如果前提是为了让下属修正自己的行动，那么上司是没有必要掺杂感情的，也没有必要伤害对方。上司要怎样才能做到既不掺杂个人感情，又不伤害下属呢？表中列举的提醒方法七原则是我30多年来一贯的主张。

提醒方法七原则
①不要当众训斥，要一对一地提醒
②针对整体中的一部分，理性地批评
③重视对方的私人逻辑
④止于行为层面，不要涉及人格层面
⑤使用“我信息”
⑥无明文规定不处罚
⑦再给下属一次机会，并规定好中间检查的时间

最开始我将它称为“训斥方法七原则”，但“训斥”一词包含了愤怒的感情并涉及人格否定，因此我将其改称为“提醒方法七原则”。

提醒方法原则一：不要当众训斥，要一对一地提醒

有些上司会利用职权拿下属当工具，因为他们不信任下属，认为不加以训斥，下属就不工作。也只有这一类上司才会感情用事地斥责下属。

例如，上司把一位出门跑完业务回来的下属叫过来，略带攻击性地当众训斥道：“你都在干什么嘛，最近也太松懈了吧！”此时下属会做何感想呢？

我的一位朋友就曾被上司这样批评过：“什么？一单都没谈成？那你还好意思觍着脸空着手就回来了？你的脸皮怎么这么厚？你给我出去，再跑一遍业务，不开单不准回来！”

上司的谩骂让朋友忍无可忍，他浑身颤抖着对我说：“我也是有老婆有孩子的人了，他这么看不起我，叫我以后怎么在公司立足啊！”

下属也有人格，也有自尊心。下属被上司如此感情用事地当众斥责，不仅自身会感到受伤，还可能为同事所诟

病；即使没有，也会因为内疚受到双重的负面影响。刚才的例子可以说是一个典型的反面教材。

在这种情况下，上司**必须一对一地提醒。我们的原则是关乎对方面子的事一定不能当众说**。

即使在没有其他人在场房间里也不要一上来就斥责对方，应当先了解一下情况，然后再问："哦，这样呀，一单都没谈成啊。你应该也能从刚才所说的话里发现失败的原因吧。那么你觉得以后应该怎么做呢？"

听到上司这样说，下属就不会认为自己遭到羞辱了。而且上司也没强制自己再出去跑业务，因此下属非但不会不情愿，反而还能**主动地考虑对策**。

下属回答道："那我这样做吧……"上司听完后说："好，那你试一下，不过以后要多加注意。"如此一来既不会伤害下属，也不会使双方感情用事。

但若下属的失败能让所有人从中吸取教训，那么当众提出来也不失为一件有意义的事。

不过，前提是要先征得本人的同意。

首先确认下属本人的意愿："这件事可以给大家提个醒，开会的时候你可以给大家说说吗？"然后在开会时说："最近有件事，应该能让大家从中吸取经验。关于这次失败，你能跟大家讲讲吗?”之后让下属自己向大家介绍具体情况，最后再发表意见。当然，这不是为了责备下属的失败，而是为了从失败中吸取经验：“这件事或许存在一些问题，他的报告想必能对大家有所助益。我认为……”如此一来**失败也可以成为进步的阶梯**。

提醒方法原则二：针对整体中的一部分，理性地批评

如前所述，应当避免使用诸如“一直”“经常”“大家都”“全部”“所有人都”“总是”“立刻”之类的词语。

还有，应当就事论事，禁止翻旧账及过度概括。

认可对方的整体贡献，只针对不恰当的部分进行理性地批评，这样才能获得下属的信赖。

提醒方法原则三：重视对方的私人逻辑

在商务场合中，我们在坚持自己的意见的同时，也要

重视对方所想。这时候问一问对方："你是怎样理解的呢？"对方的答案就是**对方所坚持的，即私人逻辑**。

以之前提到过的伊藤为例，虽然她的办公桌看着凌乱不堪，但桌上的物品摆放得井井有条。从她的私人逻辑来看，这样摆放很称手。然而在上司的私人逻辑中则是办公桌乱到不堪入目，于是双方的意见发生了分歧。**如果上司不分青红皂白地斥责她："真没用！"这最终将会演变成"主导权之争"**。如果我是她的上司，我会这样说："哦，我明白了，你是为了方便取物才这样摆放的呀！可是你到我这里来看一下，与在你座位上看到的相比如何呢？"

"真的呢，我的桌面看起来有点另类啊……"

"我也是这么想的。坐着和站着所看到的是不一样的。而且总经理过来的时候也跟我说'怎么只有伊藤的桌上这么乱'，我也有些难堪呀。所以你哪怕收拾出一半来也好的。"

"那可不能让总经理来一次吓一跳。我先把靠近过道的一侧收拾出来。"

"多谢，这就已经看起来好多了。"

"过两天，我再把这边也收拾干净。"

"倒不用那么着急，整理起来也挺花时间的。你只要一周之内收拾好就算帮我的忙了。”

这样一来，就能在一定程度上调和私人逻辑间的差异，达到让伊藤整理桌面的目的。如果部长认为办公桌乱到不堪入目，将自己的私人逻辑强加于伊藤，事情就开始偏离主题了，伊藤会觉得：“你完全无视了我的想法，根本不考虑我使用起来方不方便。”

总而言之，要想说服别人，首先要**理解对方的私人逻辑，从共通感觉入手**。

共通感觉并不是一个客观的标准。就拿刚才的例子来说，如果部长能这样说，结果就会截然不同。“现在公司在开展‘打造舒适工作环境’的活动，我希望你也能出一分力。至于要做什么，你做好自己力所能及的事就可以了。”

我们再来举一个例子。山下课长觉得有必要跟自己手下的广濑主任好好谈谈。他总觉得自从3个月前将新人交给广濑以后，广濑便日渐颓废。

“广濑，你这两天有点蔫，不像平时那么有干劲了嘛。”

“是吗？我自己倒没有感觉……”

“没有吗？肯定有什么事。你要是有什么不满意，不妨趁现在说来听听。”

“我并没有什么不满意的呀。我只是在用自己的方式努力工作……”

“是嘛，在我看来可不是这样。”

就像这个例子一样，上司总是试图掌握下属的全部情况，一旦发现下属意志消沉，便立刻开始寻找问题所在，并想方设法鼓舞士气。

可是，上司摆出一副领导者的样子去了解问题、说服下属，多半是成功不了的。

或许山下课长认为掌握下属的情况是理所当然的，但广濑主任认为自己受到了指责，因此采取了防御的态度。

这是由双方对事物的看法及价值观的不同而造成的。**每个人都有自己的私人逻辑，因此人与人之间的相互理解应该先从理解对方的私人逻辑开始**。

“你最近一直意志消沉”“这不像你的风格”“如果你有不满”这些看法都出自山下课长的私人逻辑。

而广濑主任从自己的私人逻辑看来：“我并没有一直意志消沉呀。课长还说什么不像我的风格，搞得好像我的事他都知道似的。他凭什么断言我有不满嘛！”

上司往往习惯以自己的思维方式忖度下属的想法。可是我们要知道，**下属也有自己的思维方式和价值观**。

以下是尊重对方私人逻辑的对话：

“广濑，你带新人也有3个月了，业务范围也扩大了不少。我想咱们一起回顾一下你这3个月的成果。来，从你自己的角度说说看。”

“带新人倒还好，只是业务增长这一块有点棘手。”

“就是嘛，你带新人我放心。那你能再跟我详细地说说业务上的事吗?”

此时课长不应该去关心下属的日常生活，而应该将询问的重点放在工作上。

明确自己的目的是了解下属的工作内容，就可以有方向地提问，从而避免对话无疾而终。

而且，山下课长将私人逻辑停留在推测层面上，避开了断定的措辞，并**采用了尊重对方私人逻辑的提问方式**。这样一来，下属便不会感受到指责，对话也能更加顺利地进行。

有一则故事说的就是日常生活中私人逻辑间的差距。高野女士在一家公司的秘书处担任总经理秘书。这家公司由于经营不善，出台了经费节约规定，不但削减董事收入、精简人员，甚至连总经理的专车都卖掉了。有一天，高野将一束盛开的鲜花摆放在总经理办公室。

课长得知此事后批评了她："高野，你这是干什么？你也知道全公司都在缩减经费，现在买花不是浪费钱吗？"

高野回答道："我知道不该乱花钱。可是我觉得现在这个时候，不是更应该缓和一下压抑的气氛吗？哪怕只起到一点作用呢。所以我自己掏钱买了花，并没有打算让公司报销。"

课长考虑的是"现阶段不能乱花钱"，而高野考虑的是"买花虽然看起来浪费钱，可是在现阶段能为公司增添些人情味"。**这可以算作一个体现私人逻辑间差距的恰当事例**。

那么课长怎么说才好呢？

"咦，这束花是哪来的啊，高野？"如此开场便可以改变现场的气氛。

"哦，这是我买的礼物。我想现阶段更需要给公司增添些人情味呢。"

"呦，你考虑得真周到，女生就是细致呀！我看着心情很顺畅，总经理肯定也喜欢。多谢啦！"以感谢结尾就可以了。

事例学习

你让一位新人去把一万日元换成零钱[1]，可是过了很久他都没有回来。在你略感焦急之际他终于回来了，并将一万日元换成了一张五千日元、四张一千日元、一枚五百日元及五枚一百日元。这时你会说什么呢？

①“呦，你这么细心，真让人羡慕啊。”

②“谢谢。你这样换是为了使用方便吧。”

③“换个钱而已，还不赶紧回来，真让人伤脑筋。”

①显然是在讨好下属，长此以往下属会心生厌恶，认为你没有公正地评价他。

［1］日元面值一共有10种。纸币面值有4种，分别为一千日元、二千日元、五千日元、一万日元。硬币面值有6种，分别为一日元、五日元、十日元、五十日元、一百日元、五百日元。——译者注

②认可了下属的私人逻辑，这一态度是极为重要的。

③全然无视了下属的诚意及私人逻辑，挫伤了下属的积极性。

提醒方式原则四：止于行为层面，不要涉及人格层面

你让下属今天必须用快递把邮件给客户发过去，但是由于下属工作繁忙加之复印机故障，快递没来得及发出去。下属说他明天要把邮件直接给客户送过去。这时你会怎样回答呢？

①“没办法，晚一天就晚一天吧。你明天还是给客户发快递吧。”

②“你可真磨蹭啊！我以后喊你乌龟得了！”

③“很遗憾没能及时把快递发出去，但我们或许还有其他的办法。你能主动要求自己给客户送去，这一点令我

很欣慰。我们也可以发传真或发送电子邮件附件，总之今天先给客户打个电话取得谅解吧。”

①这种做法虽然了解了没能发出快递的理由，却忽略了下属要直接去给客户送邮件的意愿，无视了下属的诚意。

②这种做法对下属的失误加以嘲讽，涉及了人格层面，使下属受到伤害，属于最下策。

③这种做法充分理解了对方的话，并提出了发传真等替代方案，重要的是保证第二天客户能收到邮件。在提出替代方案的同时取得客户的谅解，是比较恰当的。

人们一旦感情用事，不仅会关注对方的错误，还会出言嘲讽。然而对方并不会因为嘲讽而有所改变，相反还会感情用事，进一步拖慢原本的工作进度。

而且，②涉及了人格层面。下属稍有不慎，上司便怒骂：“你这个没用的东西！”这其实是否定了下属的人格。

下属的人格并没有问题，只是因为行为不恰当，就被断言“烂泥扶不上墙、轻率、自由散漫、败家、嚣张、傲慢、磨蹭”。**一旦人格被贴上了标签，下属将无处容身**。

在日常生活中，我们经常使用类似的表达而不自知。可是被批评的人深受其害，有时候甚至因此而动了刀子。

在评价对方的所作所为时应止于行为层面，不要涉及人格层面。这是一种积极的处理方式。错误的是对方的行为，而非其全部人格，因此不能进行人格批判。

有一次，川上课长被部长叫了过去。

从部长的表情来看，应该不是什么好事。果不其然，部长指着广告宣传费和交际应酬费这两项说："这里列得很清楚了，最近你们课的经费投入也太多了吧?"

"部长，也不是所有的经费都不合理吧。您看这项金额，我觉得长远来看还是在允许范围内的呀。"

"你说这在允许范围内?"

"我知道，现阶段应当控制不必要的投资。可公司也是'活'的，有起就有落。我们不能只顾眼前吧。"

"你太嚣张了，竟敢教训我!"

"我并不是这个意思。"

"但你一直在跟我唱反调!"

"是吗……"

"可不就是！看看你自己的着装和发型，你连基本社交礼仪都忘了吗?"

"我只是想尽职尽责……"

"还顶嘴！你这么傲慢，真是讨人嫌呐！不自觉！没用的东西!”

“乱花钱、嚣张、顶嘴、得意忘形、傲慢、不自觉，所以是个没用的课长”，人格被否定至此，川上课长还能老老实实地对部长回答“知道了”吗?

上下级间的私人逻辑是不同的，故而要求下属变成上司所期望的形象，本身就是强人所难。

上司所期望的形象说白了只是为了方便上司行事而已。这样的人根本不存在，因此即便否定下属的人格也无济于事。

结果最多也就是上司以职位取胜，但这种胜利既不能体现到业绩中，又不能让上司受到尊敬。

照这个例子发展下去，课长应该会按部长的命令努力削减经费。若是经费削减后工作进展顺利，便证实部长的观点是正确的，而课长就不得不承认自己的错误。

将行为与人格混为一谈，不过是为了证实课长的无能。那么课长肯定很难接受吧。

仅以行为论对错，不要涉及人格层面，才能冷静地讨论做法中的欠妥之处，从而大大减少下属对改正错误的抵触。

“连这都不懂，真是个笨蛋!”“又失败了，让你干什么都白瞎！”有时上司不分青红皂白地否定下属并指责其人格有问题，下属越发感到自己一无是处而畏缩不前。

重点是要在下属犯错时询问他“从中学到了什么”“如何改正”“怎样发挥自己的能力”，而不是予以诽谤。

提醒方式原则五：使用“我信息”

“我信息”和“你信息”这两个词，对于读过心理学书籍的人及学习过心理咨询的人而言，或许并不陌生。

这一用语由美国临床心理学家托马斯·戈登首次提出，最早使用于被称为“父母效能训练”的育儿训练中。

▶我信息。

“我信息”也称为“I message”，是本着接纳的、同理心的态度以自己的立场表达意见。例如：

“我希望你能从失败中吸取教训。”

“我认为这样做不合适。”

▶你信息。

“你信息”也称为“You message”，是本着审判、批判的态度指责对方。例如：

“你的失败给大家添麻烦了。”

“你的做法不合适。”

使用“你信息”表达，语言里很容易带上审判的态度。例如：

“你的桌面这么脏，会影响到大家，让大家不愉快了。”

“你总是这么固执，也不收拾收拾。我在会上不是也说过了吗？”

相反，如果使用“我信息”，则能够以同理心表达自己的意见：

“我能理解，你这样摆放能提高工作效率。可是，为了给大家营造一个舒适的办公环境，我希望你也能稍微出一分力，好吗？”

然后维护对方的立场：

“这只是我的个人意见，当然你要是能在一周内收拾整洁就再好不过了。”

而听到“你信息”时，被批评的一方往往会感到愤怒，并试图反驳：

“可是收拾起来我用着不方便呐。我也尽力了！你为什么要这样说呢？你怎么就不理解我呢？”

使用“我信息”的目的不是“鼓起对方的干劲”，而是“不让对方失去干劲”。因为我们是以麻烦对方来帮助自己，所以正确的做法是，不能进一步打击对方的积极性。

负责招新的下属在跟应聘者联系时，将面试时间搞错，导致当天担任面试官的董事在现场等待了半个多小时。你也是在被批评之后才发现问题，这时你会对下属说什么呢?

①“我刚刚吓了一跳，董事说因为面试时间通知错误让他们等了半个多小时。你能跟我解释一下吗?”

②“不要找借口，错了就是错了，赶快过来给董事道歉。”

③“算了，过去的事情就过去了。反正面试也结束了。今晚要不要去喝一杯放松放松?”

①这种做法是比较可取的。首先，如实地指出错误非常重要，同时应当使用“我信息”表达“我很遗憾”。

②这种不容分辩的做法，会令下属感到你只强调自己的观点。

③将错误束之高阁，很容易使上下级之间一团和气。

最近的年轻人，只要稍被批评就跟上司闹脾气，若是被严厉申斥就立刻辞职，因此上司往往会违心地迎合自己的下属。

其实这是因为上司没有掌握提醒方法。倘若使用“我信息”，就能准确地表达上司的意见而不伤害下属了。

支配型的领导者总是不容分辩、善于诛心。而优秀的领导者无论下属犯了什么错都不会追根究底，他们在批评下属时至少会为对方留出20%的余地。

早川就职于一家零部件制造公司，是出了名的铁腕课长。然而他其实是个“半瓶子醋”，既敏感又自以为是，下属一犯错便追根究底。

大学橄榄球社出身的他体格健壮，一发起怒来，让整个课都噤若寒蝉。

他的口头禅是：“别废话，按我说的做就行！”时间一长，大家开始不满他的蛮横，还有人因此辞职。

例如，有位下属正准备回家，早川看到后对他说：“你要干什么？谁说可以回家的？计划书不是还没写完吗？”

要是下属回答：“我想回家接着写。”早川就会怒骂：“蠢货！就凭你这种工作态度，永远都只能当个半吊子员工。公司的工作就在公司做！”

接下来他还会以偏概全地继续说道：

“这么慢腾腾的，别人会看不起你的。”

“还好意思觍着脸说自己是一流大学毕业的呢，也不知道你究竟在学校学了什么？你看看还有谁跟你一样啊！”

“你呀，想得太简单了。冷静下来再想想吧！”

“你做错了事，难道不应该承认错误吗？”

后来，早川因为与客户斗殴而被降职。起因是客户轻轻地碰了一下他的头，他便认为客户看不起他。

心高气傲的早川对此无法容忍，他却没发现，自己也经常这样对待下属。此后，公司以缺乏管理能力为由，将他调到一个几乎没有下属可用的闲职上。

即便如此，他还认为自己只是时运不济罢了。可以说早川的做法是使用“你信息”的典型事例。

- **（你的）做法很得当。**
- **（你的）做法不恰当。**
- **（你）不要那样做。**
- **（你是）正确的。**
- **（是你）不对。**

类似这样以“你”为主语的批判，完全不给下属辩白的余地，会令下属无处容身。

与之相对的是“我信息”。

- ▶（**我认为**）**这一做法很得当，我喜欢。**
- ▶（**我**）**不赞成这样做。**
- ▶（**我**）**希望你不要这样做。**
- ▶（**我**）**认为你是对的。我赞成你的意见。**
- ▶（**我**）**不赞成你的意见。**

有时我们也会将主语“我”省略掉。这是一种陈述己见的表达方式，即“无论对方的意见如何，我的意见是这样的”。

“疏于确认是很糟糕的，我对现在这个结果感到很遗憾。”

“你的意思我明白了。但如果是我，我会这样做。”

“关于这一点，我跟你的意见不同。我是这样想的。”

“我信息”避免了指责的口吻，是一种给对方留有余地的表达方式。

提醒方式原则六：无明文规定不处罚

给大家讲一则趣闻。有一个人，他的兴趣是搜集并饲养各种鸟类。他在自己的住所里建造了一个巨大的鸟笼子，每天唯一的乐趣就是看着笼中的鸟儿消磨时光。

有一天，他心血来潮要教鹦鹉说话，可是费了半天劲，鹦鹉却一点都没学会。于是他怒不可遏，把鹦鹉狠狠地教训了一顿。

第二天，他一走到鸟笼子前，就看到了一幅令人震惊的景象。笼子里竟然四处散落着惨死的小鸟！他仔细一看，只见那只鹦鹉正在众多瑟瑟发抖的小鸟面前，学着主人的样子教训它们!

原来，鹦鹉没有模仿主人的语言，却模仿了主人的行动。

田代是某银行的营业员。有一天晚上7点左右，我看到他垂头丧气地推着自行车走过十字路口。见他这副样子，我赶忙从后面追了上去，拍了一下他的肩膀。

“你怎么了，田代？这么没有精神呀。”

他眼神空洞，欲言又止。

“其实……”

“那我们去喝杯茶吧。”

随后我将他拽到了我的公司，他才慢吞吞地开口。

原来，田代所在的银行给营业员制定了办理信用卡贷款的工作定额，即“上午完成多少，下午完成多少”，如果完不成就要接受惩罚。可是，定额不过是上司主观判断的产物。

这天上午，田代没有完成定额就回银行了，于是上司对他说：“别吃午饭了！”一直以来下属因为没有完成定额而不许吃饭的情况时有发生。要是下属无视命令照常吃饭的话，便会遭到上司的挖苦：“这家伙工作完不成，吃饭倒是挺积极。”

这天下午田代拼尽了全力，可拉人办信用卡贷款也不是那么容易的，结果他连定额的1/3都没完成。他就这样回去的话只能不吃晚饭继续加班，可即便是加班，这一天也只能拿到相当于日薪2到3成的加班费，说白了就是义务加班。

很显然晚饭是吃不成了，而且午饭也没吃。

“不吃午饭，倒还可以忍。”田代说道，“可是，这还不算完，还得当众罚站。上司会让我罚站半小时，其间还必须得忍受他不停地骂我‘混蛋’‘蠢货’‘糊涂鬼’之类的。”

田代说，当时他觉得自己太可怜了，无奈之下跑上大厦的天台准备自杀。

可他迟迟下不了决心，于是又从天台上走下来，正在纠结要不要回银行的时候遇见了我。

这种零散的惩罚方式在短时间内的确可以提升业绩，却绝非长久之计。

下属会因为过于害怕被责罚而处心积虑地明哲保身，还会逐渐丧失为社会作贡献的想法，不敢冒一点风险。

下面我来具体列举一下，惩罚的弊端。

①惩罚会使下属阳奉阴违，因惧怕惩罚而转嫁责任。

就算出了问题，他们也认为“这不是我的问题，是别人的错”。

他们在上司面前摆出一副乖顺的样子，使得上司忽略了他们的行动，等到事态严重才有所察觉，却为时已晚。

②惩罚会限制下属的才能。

下属会因惧怕惩罚而选择明哲保身，丧失开拓精神。假若员工们都抱着蒙混过关的想法在上司面前察言观色地行事，公司也就发展无望了。

③惩罚内容升级会使惩罚失去意义。

上司若进一步惩罚下属，惩罚的内容也会随之升级。将本应用在工作上的精力用在惩罚上，并不利于提高工作效率。

惩罚及支配将培养出依存型下属。下属会认为“只要这样做就不会受罚”或是“做不好就得挨罚，所以只要上司不指示，我就不进行下一步工作”。

④无法认同对方的人格，也就无法做到相互尊敬与相互信赖。

“他要是偷懒我就罚他。”“那家伙不可信。肯定会趁我大意时给我下绊子。”上下级之间会相互猜忌，无视对方的优点，只盯着对方的缺点，并且相互扯后腿。

⑤惩罚是会传染的。

受过虐待的儿童往往会使用暴力解决问题，他们抱着“以牙还牙”的态度，建立起一种野蛮粗暴的人际关系。

可是若因惩罚不好便无视所有规则，社会将无从管理。规则是社会生活中的必需品。

同样，公司为了实现利益目标、经营目标，也需要规则。然而这些规则不同于管理者单方面的惩罚。

这里提到的惩罚是指掺杂上司个人感情的惩罚、拷问人性的惩罚以及类似“不完成定额不能吃饭”的毫无关联性的惩罚。

经过大家讨论并认可的规则，我们姑且不论，但**以惩罚的方式管理下属，实在是百害而无一利**。

事例学习

假设你是部长，因为时间冲突而没法出席会议，于是便派课长替你去。然而你从会议结果得知，课长作出了与部门方针相悖的决策，这样下去迟早会出问题。这时你会怎么做呢？

①“我总觉得会议决策有些欠妥之处。”先向课长核实具体情况，然后亲自与相关各部门联络并调整决定，毕竟这本身就是部长的职责。

②心想“反正也没有大的影响，多一事不如少一事”，随他去吧。

③对课长施以惩罚：“你又不是小孩子了，怎么会做出这种事！我不认可你这次出差开会的成果，

你得为这件事负责，路费和差旅费你都自己承担吧。”

课长是不得已才替部长出席会议的，既然是代行就有代行权，因此①这种处理方式最为妥当，应当由部长来承担责任，并在职责范围内联络各部门调整决策。

②属于责任放任。若不尽快处理，今后很可能出问题。

③这种惩罚，在公司里并没有明文规定。滥用上司的职权是不恰当的，这样会使课内相互猜忌，人际关系恶化。

提醒方式原则七：再给下属一次机会，并规定好中间检验的时间

斥责下属并不是为了发泄自己的愤怒或是缓解自己的压力。

大家每天抬头不见低头见，即便上司无意间感情用事

地训斥了下属，下属也不会当面反驳。然而有些上司在训斥之后便就此打住，并不考虑下属的想法。

长此以往，上司会逐渐失去下属的信赖，最终只有他本人不知道自己是个“万人嫌”。

大家不要忘记，斥责的本来目的是提醒下属，并让他们改正自己的错误。

提醒之后，**下属有没有改正呢？对此上司如果不进行确认跟进便毫无意义**。上司在对下属进行训斥、提醒或是沟通之后便置之不理，会使双方间的关系恶化，进而不敢再训斥下属。

A公司的设计部有一位员工负责电脑图纸设计工作，其间却多次出现制图错误。上司也知道下属的工作很有难度，因此没有不分青红皂白地训斥他，而是问道：

“你知道这里面有好几处错误吗？”

这种提问方式能避免双方感情用事，还能促使下属意识到自身的错误。听完下属的回答，上司先对下属的健康表示了关心，然后对他说：“今天是周五，我们也不用着急。等下周五，也就是20号的时候我再检验你的工作。这一周时间你注意一下易错点，认真去做，好吗？”

上司没有在训斥或是指示下属之后便置之不理，而是规定好中期检验时间并及时地跟进。等到20号，上司一边检验下属的工作，一边说道：“呦，进步很大嘛。你工作这么忙还能做得这么好，我很欣慰。”

将检验日期定在一个双方都认可的时间是非常重要的。在第一次中期检验后，上司还可以跟下属商定第二次中期检验的时间：“一个月以后我想再检验一次，怎么样?”

然而现实中，更多人会采用下面这种方式来处理。

某运输公司的业务课里有几位女员工。其中一位由于在接受订货时出了错误而影响了发货。上司在接到客户的投诉后，对着频频鞠躬道歉的女员工，怒不可遏地说：“够了！这种错误要是再犯几次，谁都受不了！这样，你也别再干接受订货的活了，光整理发票就行啦!”

第二天，这位女员工都不知道自己是否还要继续接受订货，自己问不出口，上司也只字不提。

其实上司不过是说说气话，并不是真的想让她换工作，可是这句话令他们彼此间产生隔阂，进退两难。上司没法撤回之前的话，两人间的关系也变得尴尬起来。

假设下属在工作进展到70%的时候遇到了困难，无法继续推进，此时上司就此断定“这家伙做不了”，非但没有给出建议，还抱怨道“把工作交给你是个错误的选择”，这就相当于直接剥夺了下属再次尝试的机会。

以上两种方式是**将下属视为失败者，并为其打上一败涂地的烙印**。下属一旦被打上这种烙印，将会习惯性地选择放弃。

上司通过打击让下属中途放弃，容易使下属陷入自我否定，甚至为自己打上“废物”的烙印。而且，下属一旦失去翻身的机会，便会时刻想着“一个错都不能出”，紧张之余反而更容易失败。

相反，下属若抱着“失败了就放弃”的想法，则会导致其责任意识淡薄，容易半途而废。

事例学习

下属在验收的最终确认环节，接连犯了很多错误。束手无策的你，会对下属说什么呢？

①“从明天开始你去帮着做制品检查吧。”

②跟下属详细地说明验收的重要性，并命令他

利用周末时间写一份报告出来。

③“你可能之前没怎么接触过验收吧。可是你知道吗？这件事影响很大。”然后再询问下属今后的对策，并告诉他：“一周以后我要看看效果，下周五下午3点我们再聊一聊。”

突然听到上司像①这样说，下属会不明就里、无从反省。

②属于命令，毫无意义。下属犯错误不是因为知识不足而是因为马虎。对于知识不足，写报告是有效果的，但我们要注意此时下属需要的并不是知识。

③可以提醒下属仔细确认，一周以后检验成果时，上司可以循序渐进地评价“哦，做得不错”或者“这一部分还有些不足之处”。

征得同意的最佳方式

在“提醒方法七原则”的第3条原则中我们曾提到过“主导权之争”，我们在这里再来详细介绍一下。

会议上，坐在对面的同事提出了与你完全相反的意见。

与会的12人中，有3人支持你，3人反对你，其余6人持中立态度。

为了使自己的方案顺利通过，你应该怎么做呢？

①请中立派中的有实力者出面调解。

②发言时将目光投向赞成派的3个人，先把他们稳住。然后再争取中立派的支持。

③目不转睛地盯着反对派的代表，集中精力展开讨论。

赞成3：反对3：中立6，这是一种常见的情况。此时请中立派中的有实力者出面调解还为时过早，应该再讨论一下。可如果只盯着反对派的人发言，又会导致对方越发地固执己见。

因此，先稳住赞成派再争取中立派更为妥当。

那么你要怎样说服中立派呢？

关键在于“目光”的使用。当有人与自己的意见不同时，人们往往喜欢盯着对方说话，但这样反而会加深双方的对立感。

此时我们的目的不是对立，而是协作。为了尽可能地使对方成为协作者，应当将投向反对派的目光控制在20%左右，另外80%分给赞成派和中立派。其中，争取中立派的支持是至关重要的。

人际沟通时拉近关系的三大法则：

①one word（一词）；

②one touch（一触）；

③one glance（一瞥）。

我们来举一个象征性的例子。从事服务行业的人在同时接待3位客户时，会一边与其中一人交谈，一边与另一人握手，同时还注视着最后一人。这样就可以同时与三位客户建立联系。

①“one word”，不用我说大家也知道，是指通过语言实现沟通。其中有效地使用关键词是说服术的一大法则。③“one glance”，即飞快地看对方一眼，与对方进行短暂的视线交汇。目光接触与语言表达和肢体接触同样重要。

例如，“我讨厌你”这句话，相比字面意思，其真实性会因说话人的态度、动作、表情的不同而有所差别。甚至有心理学家认为“在人际沟通中，表情和肢体语言所传达的信息占总体的55%，甚至超过了语言表达”。

其中**目光的作用尤为重要。俗话说“眼睛是心灵的窗户”，在会议等人多的场合，有效地利用目光接触可以事半功倍**。

特别是日本人，极易因他人的目光感到不自在，他们一旦与别人产生目光接触便会不好意思地笑笑或是立刻移开视线，有时还会产生不必要的误会。但若能有效地利用目光，反而能使其成为一件强有力的武器。

人的目光本身就能表达出“接下来会产生联系”的意思，可以拉近人与人之间的关系。正如对方可以接受视线表示同意，也可以移开视线表示拒绝，你的一个眼神也同样能够影响对方的态度。

在会议等面对众多人的场合中，目光的使用则更为有效。

例如，在会议上A、B二人持相反的意见。也许他们会因为意见相左而不由得想要盯着对方，可是盯得久了又会让对方产生攻击或防御心理。

试想一下，双方的观点对立，但双方本身不对立。持续盯着对方，就不只是在讨论提案恰当与否了，会演变成为了让大家认同自己的观点而提出不健全的主张，实在是毫无建设性可言。

因此，无论意见能否统一，在当众发言时，看向其中一人的时间不宜超过一句话的时间。说下一句时应当转而看向其他人，以此类推，将目光均匀地分配给在场的每个人。

如果大家想在会议中运用这个技巧说服对方，那么**请记住，即使你有话想直接对反对派的人说，也不要盯着他**。因为你的注视会让对方感受到无形的压迫，令他反感之余越发固执己见。

将视线移开，反对派才能稍作休息，才有可能客观地听取你的意见，从容地品味其中的合理性。

不过，当你开始陈述自己的意见时，为了引起反对派的注意，首先要做的就是将目光转向他，随后再看向其他人，让反对派注意到周围的人都在点头附和。“比起直接听到的事，人们通常更关心其他人所关心的事。”在这一原理的作用下，反对派会认为其他人都赞同你的意见。

其间一眼都不要看反对派，这样他就会感到自己被无视了。然后你再找准时机看向他。

最后盯着他，点名问：“×××，你觉得怎么样?”

这就是说服对方的技巧。

同时，我们还要避免情绪化的一对一式冲突，以免破坏会议气氛。应当采取更有建设性的处理方式，在求同存异的基础上提出新观点。

下面我们来总结一下**征得同意的最佳方式**吧。

①不要试图一次性说服所有人，要各个击破。

②跟与自己意见相左的人说话时，要看着他的眼睛重复他的观点。

③若想说服与自己意见相左的人，就不要一直盯着他看，否则你很可能在遭到对方的反驳后变得更具攻击性。

④发言时向其他人投去寻求认可的目光，可以让反对者客观地倾听你的观点。

⑤最后点名询问反对者：“×××，你觉得怎么样？”并达成协议。

假设反对者又对你发表意见，这时很容易发展成你与反对者之间的争论。特别是当他又提出反对意见时，将引发一场一对一的舌战，接下来双方的争论会愈演愈烈、僵持不下，而其他人只会作壁上观。

因此，开会时应当尽量避免一对一的争论。

最近，时常有人向我咨询，说不知道应该如何对待比自己年长的下属。我想，针对这一情况，刚才的方法应该也是很有效的。

一上来就将对方批评得颜面扫地，很容易燃起双方的胜负欲，各执己见、互不相让。

大家也会抱怨：“你们不要再因为这点小事争论不休了。”

其实我们只需要在争取其他人支持的同时问一句：“大家觉得如何，这件事大体就是这样。大家还有没有补充？有的话我们再从头捋一捋。”问题便迎刃而解了。

职场人际关系Q&A

Q：这是我第一次带团队，团队里还有两个20多岁的年轻人。最近我发现他们俩之间的关系有些僵硬，所以想改善一下团队的气氛。我作为上司应该怎么做呢？

A：这两人同为下属，必然有所竞争。他们与上司构成了一个三角关系，因此你只能尽量做到公平公正。

我们假设上司是A、下属分别是B和C。B时刻都在关注着A与C接触时双方的态度。反过来说，C也一直关注着A与B的关系。

此时的首要禁忌就是“密约”。

或者说应当避免将某些特定的消息只告诉B或C其中的一人。倘若B发觉自己对于这个项目一无所知，而C却早已知晓，团队里就会产生不愉快的气氛。

大家都是成年人了，最好还是不要对他们加以干涉。当然，你要是实在看不下去，也可以介入一下。

与之相似又有所不同的还有，由自己、家庭和职场所构成的三角关系。

例如，某位男士在结束了一天的工作后刚回到家，妻子便略显落寞地抱怨道：“你整天就知道工作，到底家庭和职场哪个更重要?”此时他应该如何作答呢？想必很多人都会感到伤脑筋。

其实他根本没必要选择，这时应当回答：“肯定是家庭重要啊!”

相反，如果职场的上司问：“你怎么总是不在工作状态。家庭和职场哪个更重要?”则要毫不犹豫地回答：“当然是职场重要。”

我把这种回答称为“完美的谎言”。

为什么说它完美呢？因为发问者之间不会相互通气，所以当事人无论如何作答都不会露馅。

原本这两个选项就没有可比性，因此在职场当然回答职场重要，在家当然回答家庭重要。

我认为大家应该多多学习一下这种高明的逃避法。因为前来向我咨询的人多数都苦于诸如职场与家庭的关系，或是朋友间人际关系的问题，其中不乏费力不讨好的例子。

第四章

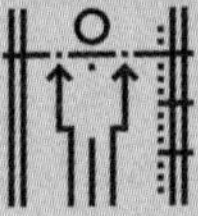

激发勇气使团队更强大！

如何教育对勇气挫伤习以为常的下属

日本青少年研究所于2012年4月公布了2011年9月至11月对日、美、中、韩4国约8000名高中生进行的调查结果。调查数据显示，针对“是否觉得自己是没有价值的人”一问，日本有87.3%的学生回答“完全是”或“差不多是”，该数值远高于其他3国（参考：美国为52.8%）。

这样算起来，当时接受调查的高三学生，2016年应该已经大学毕业、步入社会了。也就是说当时**新入职的员工里，已经有人背负着“无用之人”的标签起步了**。

2014年，日本国立青少年教育振兴机构又进行了相同的调查。调查数据显示，针对“是否觉得自己是没有价值的人”一问，日本有72.5%的高中生回答了“是”。

该机构分析称："这一现象的主要成因是地域社会联系不足，导致学生受表扬的机会减少。"

1992年我出版第一本著作时，就有**许多人表示"自己从小到大都没受到过父母的表扬"**，如今已经过去了好多年，这种状况仍旧没有得到改善。

自幼便对勇气挫伤习以为常

竟然有7成至8成的高中生认为自己没有价值，这实在令人难以置信。除去前面分析过的，还有没有其他的影响因素呢？日本的学校所推行的"挑毛病"文化应该可以算作其中之一。学校奉行减分主义，一味重视"距离标准还差多少""距离理想还有多远"，重压之下，学生当然更容易认为自己没有价值。

此外，青春期的自我否定也是一大原因。青春期的学生常常因为身体发育等方面的自卑感而陷入自我否定。于是在周围环境的相互作用下，他们往往会丧失自信。

我曾倾听过各年龄段的心声，由此深切地感受到：在人的一生中，高中时期是自我肯定感最弱的时期。

如果我们问一个不满10岁的儿童：“你喜欢你自己吗?”他肯定会毫不犹豫地回答“喜欢”。如果问10岁至12岁的儿童相同的问题，就开始出现“讨厌”的回答了。而回答“讨厌”最多的是高中生。

从男性的自杀率高于女性这一点可以得知，男性的自我否定倾向更为明显。许多女性在年过四十以后往往会出现不明原因的自我肯定。而许多男性却在年过四十后仍然沉浸在自我否定中。

此外，从事公务员职业的大多呈现出积极的状态。

尽管没有详尽统计，我还是从大家的讲述中感受到，自我否定倾向最为明显的当属民营IT企业。

是什么原因造成的呢？或许是因为从事IT业者大多缺乏人际沟通吧。有谁会喜欢成为“孤岛”的自己呢？由此可见，**人际沟通意义重大**。

青春期的自我否定是一个世界性难题，不受父母及学校表扬的现象在日本更尤为严重。

日本的学生并非一步入青春期就突然陷入自我否定，而是在小学高年级时，便深感被迫合群的压力。

因为**他们不得不迎合周围的人，否则就会遭到厌弃与孤立**。日本的社会环境迫使他们自幼便学会了如何察言观色地生活。

自幼便在意世人的眼光

让我们试想一下这个场景：一位母亲带着自己两岁的孩子走在路上。其间母亲回头一看，发现孩子摔倒在地。

如果在日本，几乎所有的母亲都会立刻跑到孩子跟前询问："还好吗？疼不疼呀？"

而在其他国家，母亲多半不会跑过去，她们可能只是站在远处问一句："还好吗？"然后等着孩子自己走过来。除非孩子喊道"疼得站不起来"，否则她们是不会走过去的。

日本人看到孩子摔倒会立刻有所行动，原因是她们非常在意周围人的目光。如果孩子摔倒自己却无动于衷，那么周围的人将会认为这是一位冷酷无情的母亲。她们并不想被这样看待，所以才会立刻跑到孩子跟前去。

日本人一面娇惯孩子，一面却又对孩子说："真没用，竟然还摔倒了。"

对此，我感到十分不解。孩子其实是有能力自己站起来的，因此我希望家长也能做到默默注视。

在“不想在世人面前丢脸”的价值观的影响下，很容易培养出陷入自我否定的孩子。

分解困难也是领导者的职责

阿德勒心理学中曾提道：“过高的目标会挫伤勇气。”

我们以某企业的技能竞赛为例，讲讲什么叫过高的目标。

这次技能竞赛所带来的弊端是，公司开始唯奖牌论。没有获得奖牌的人被视为失败者，而获得奖牌的人则登上了事业巅峰。于是这块奖牌成为员工事业的分水岭。

可是达成目标只是目标中的一个阶段，并非目标的全部。我们可以将目标按阶梯状划分为以下6项：

⑥终极目标；

⑤达成目标；

④长期目标；

③中期目标；

②短期目标；

①当前目标。

其中，**⑥终极目标才是重中之重**。

在此次技能竞赛中，获得奖牌属于⑤达成目标，亦是任重道远，不可半途而废。

但这次技能竞赛也不失为一个激励员工进步的绝佳机会。在挑战的过程中，选手与教练能够实现目标共享，建立起信赖关系，双方都能怀着同理心通力协作，在公司的支持与鼓励下开展工作，进而**实现自我成长**。

我想告诉大家的是：取得奖牌并不是终极目标，这只不过是通往终极目标之路的一个途经点而已。

此次技能竞赛亦是由于将目标设置得过高，才导致失败频发，以至于15位参赛者中只有2人至3人能取得奖牌。

因此，我们需要**将目标和困难分解开来**，思考如何逐步实践，再将目标划分成具体等级，向着终极目标奋力攀登。

培养、激励下属的四大要点

大泽在一家大型建筑公司就职刚满3个月。这天课长对他说："你来公司有一段时间了，我想你对公司的情况也有所了解吧。在你看来咱们公司存在什么问题呢？你来写一写吧。”

“真不愧是大公司”，大泽这样想，于是他从自身观点出发，煞费苦心地写了一份12页的报告，总结出成本意识低下、方针不明确等7项问题。可是报告交到课长手中就犹如石沉大海，毫无回音。

原来课长只不过是让他写个感想走走形式，这12页的报告最终不过是沦为一篇作文而已。

又过了半年，课长换成了一位既年轻又有工作热情的人。这位新课长也对大泽提出了相同的要求。

“课长肯定又是大体浏览一遍报告就束之高阁。”大泽对此并没有抱太大期望，只当是工作的一部分，于是就简单地总结了几条。

可是，他没想到，课长这次竟然认真地给出了反馈，并详细地写下评语：

“这一点，我也有同感。关于这一点，我希望你能详细地调查一下之后再报告给我。在这一点上，我跟你意见不同，希望能和你一对一地谈一谈。”

在之后的谈话中，课长赞许道：“大泽，你的着眼点很是犀利呀！”于是大泽提起了之前的那份报告，课长听后对他说："要是这份报告还在，我想看一看。"之后他们又针对之前的那份报告展开了多次讨论。

大泽心想："跟着这位上司真好。"

教育、激励下属有四大要点。

要点①：不要吝啬对下属提出期待，要如实传达。

要将期待与方针一起传达："我对你抱有这样的期待，希望你能这样做。"

要点②：要给下属从失败中获取经验的机会。

其实下属可以从失败中学到很多。当然，我们不能将高风险的工作交给下属练手，但不可否认的是，从失败中获取经验的确是一种能让他们快速成长的方式。

要点③：给下属一个定位。

这里的定位相当于任务。要让下属了解自己的定位，"我在部门里为了实现这个目标，需要完成这项任务"，这样他才能体会到工作的意义。

要点④：激发勇气。

通过激发勇气培养下属，这一点是最重要的。

我来讲一则某公司新人培训时的趣闻。

当时我给大家出了一道题："跟旁边的人组成搭档，轮流扮演自己的父亲，并以自己父亲的口吻夸奖你自己。"

听到问题后，所有人都表现得不知所措。

尽管结果令人咋舌，还是在我的意料之中，课题进展得并不顺利。

两三分钟过去了，场面依旧十分尴尬。

“怎么了呀？”我问道。

“我从小就没受到过父母的表扬。”

“这道题本来就有些强人所难。”

大家纷纷表达了自己的意见。

“那么大家认为什么话题比较好呢？”

“要是换成父母的训斥，我就能立刻说出来。”

“如果让我说父母的禁止和命令，那我很容易就能想起来，或者是‘你要这样做’‘你要那样做’之类的。”

一时间类似的回答此起彼伏。

由这个例子我们可以得知，多数人认为“父母给孩子下命令或禁令是理所当然的”，他们在成长过程中已经对挫伤勇气习以为常。

掌握了如何挫伤勇气的上司，更喜欢用支配的态度下命令或是大声斥责，并且无法放心地将工作委托给下属。

什么叫作“委托”呢？它是指将权限、责任、人力、物力和信息等适当地交给下属。

可是上司又担心，万一委托给比自己能力还强的下属，自己的地位就会受到威胁，所以他们宁可亲力亲为。

又或者，上司以自身的能力来衡量下属的工作状态，因此感到焦躁不已，认为“这家伙可能做不好”。于是上司将下属当作象棋里的“卒”来使唤，自己则在一旁指手画脚，将下属进步的希望扼杀在摇篮里。

这样做并不能将下属培养成有能力的人，反而让他们只会唯命是从。

准确地传达期待、放心地委托工作、允许其从失败中汲取经验，才能培养出有能力的下属。

与之并行的是激发勇气。也许有人会说：“培养下属最有效的方式是训斥。”但实际上，训斥只会令下属畏缩不前，因害怕被训斥而放弃挑战。我们应当做的是尽可能地从微小的事情上激发下属的勇气，并认可其挑战的结果。

哪怕下属只有微小的进步，也要用语言表达出肯定。

与其对失败加以责难，不如关注下属已经做到的事情。

“你录入表格的速度比昨天快了呢。”

“你的措辞很礼貌。”

“你的衣着很得体。”

“你帮我打扫卫生了呢。”

“错误比之前减少了。”

“你最近都能准时出勤了。”

如果上司能像这样，关注下属已经做到的事情，就会发现下属的成功比失败要多得多。

耐心地关注细微之处，并说出激发勇气的话，才是培养下属的关键。

家庭环境会影响职场行动吗

有段时间“毒亲”[1]一词曾引发热议。“毒亲”是一个新词，指像毒药一样给孩子造成负面影响的父母。这一词汇的出现让许多人认清了自己的经历以及亲子关系。

于是人们纷纷开始转嫁责任，认为“是父母造就了今天的自己”。然而从阿德勒心理学的角度来看，这一论调是十分荒谬的。

[1]“毒亲”一词源于日语，写作「毒親」。在日语中，“親”是父母的意思。——译者注

生活风格的形成受父母的影响

严格来讲，阿德勒心理学承认：所谓的“生活风格”（通常大家会将“lifestyle”一词翻译成“生活模式”。但是在阿德勒心理学中将其理解为“个人的生活风格”或是“生存方式”，当然也可以说成“性格”。但由于性格给人的印象是难以改变的，故而阿德勒将广义上的“对自己的信念”及“自己对周围世界的信念”也包含进去，称其为“生活风格”）的形成的确会受到父母的影响。

此外阿德勒心理学还承认：生活风格还会受到身体缺陷和遗传因素的影响。

然而阿得勒心理学更是思考“今后面对问题应当采取什么行动”的目的论。从这一点来看，**我们的确会受到父母的影响，但如何解除这种诅咒更为关键**。

一场诅咒，持续了30多年

前些日子，一位40多岁的男士前来咨询，他说道：

“我从6岁起就经常做同一个噩梦，梦中母亲拿着菜刀对我说：‘我要杀了你！’”

我试着分析他做噩梦的原因，结果发现他的父母在他年纪很小时就关系不和，并频繁动手。这位男士出身名门，是家里的独生子。他的母亲在学历及其他方面都远不及他的父亲，因此产生了自卑感。

而他的父亲也时常用“像你这种人”之类的语言责备他的母亲。终于有一天，他的母亲真的拿起菜刀对他说：“我要杀了你再自杀！”从那时起，年幼的他完全陷入了恐惧中，头脑中不断重复着“妈妈要死了”“我要是不做个好孩子，妈妈就会把我杀掉以后再自杀”。

他虽然这辈子只听母亲说过这么一次，但仿佛因此受到了诅咒。

“父母关系不和都是因为我。都怪我，做错事给妈妈添麻烦了。”这些外部语言[1]在他的头脑中不断重复，最终转化成内部语言[2]，如同诅咒一般挥之不去。

---

[1] 外部言语是与他人进行交际时的言语过程。——译者注

[2] 内部语言是一种自问自答或不出声的语言活动。内部言语不是用来进行交际，而是为了支持思维活动进行的、不出声的言语。——译者注

如果让大家讲《桃太郎》[1]的故事，想必对大部分人来说都没什么难度吧，因为我们从儿时起就听过几十遍乃至上百遍这个故事，时至今日记忆犹新。反复地倾听就如同听故事一样，在这一过程中，外部语言逐渐转化成内部语言，主语也随之改变。

父母的话

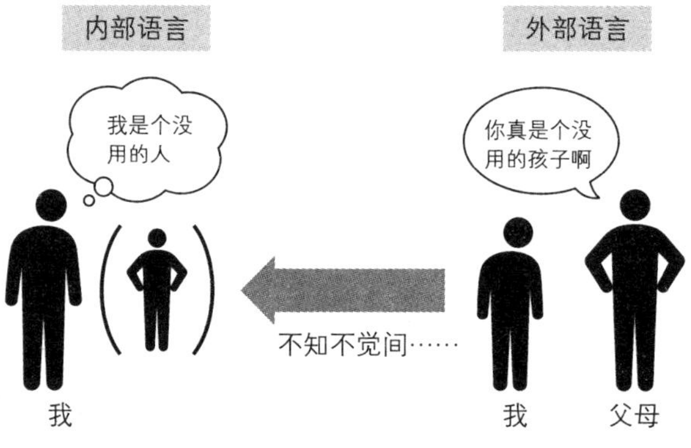

“你真是个没用的孩子啊。”孩子听到父母这样说自己，在心里会将语意进行下列转化。

[1]《桃太郎》是日本著名的民间故事，讲述了从桃子里诞生的桃太郎收容了小白狗、小猴子和雏鸡后，一起前往鬼岛为民除害的过程。——译者注

“你真是个没用的孩子啊”→“我真没用啊”→“我是个废物”。

在不断的循环中，这位男士陷入了深深的自责，认定自己是个废物。最后他与父母断绝了关系，因为只有这样才能让自己不那么痛苦。

父母无休止的指责如同诅咒一般，令孩子痛苦不堪，类似的例子不胜枚举。

例如，某位女士有位比她大三岁的姐姐。她的姐姐曾对她说：“我才是爸爸妈妈亲生的，你是他们从桥底下捡回来的。”

直到上小学，这位女士都对此深信不疑。她一直在想，难怪自己明明是老小却不受宠，原来是从桥底下捡回来的。

可是当她向父母咨询此事时，得到的答案竟然是：“根本没有这么回事。”

虽然她只听姐姐说过一次，可是在她看来意思发生了改变：“你是从桥底下捡来的孩子”→“我是从桥底下捡来的孩子”→“我在这个家是多余的”。

于是，每次一有什么事，她便深感自己与姐姐的待遇不同，甚至无法自拔：“啊，姐姐和我就是不一样啊，她一直享受特殊待遇呢。”

在这件事中，父母本身并没有错，**真正毒害孩子的其实是洗脑的过程**，即孩子对自己施加了精神控制。也许说话的人很快就忘记了自己说过的话，但听话的人不会，因为不断地重复产生了听故事效应，在听话人的头脑中形成了不可磨灭的记忆。

以原因论思考问题容易使人陷入面向过去的思维，极易产生听故事效应。重复正面的内容并无不可，但80%的人更倾向于重复负面的内容。

倘若探究过去，人们则会找到诸多原因来解释自己现在的行为，进而开始从中找寻责任者，并勾勒出加害者与受害者的关系图，最终总结出一个“不幸的自己”的故事。

如果能转变观点，**从面向未来的角度看待问题，聚焦于“今后所能做的事”，朝着自己的目的前进**，我们就能轻而易举地打破诅咒，不会归咎于任何人。

为了能让大家从洗脑的过程中觉醒，我在心理咨询时发出了灵魂拷问：**“或许真的有人曾说过伤害你的话，但到底是谁在一遍又一遍地重复呢？伤害你的证据在哪里呢？而你又因为这件事受到了什么影响呢？”**

请大家不要忘记，自己才是人生的主人公。

出生顺序会对性格产生影响吗

如今在日本少子化的背景之下，家庭中兄弟姐妹的数量不断减少，目前已经很难找到排行居中的孩子了，大部分人都是家里的老大或老小。

阿德勒出生于一个有7个孩子的家庭，我也出生于一个有5个孩子的家庭，因此我们的观点可能与大家有所不同。

通常来讲，长子或长女责任心强却性情古板，不擅长撒娇，而且很会照顾人，在职场上，应该更擅长统领下属。

排行居中的孩子巧于度世。他们从没有独占过父母的关爱，往往性格乖僻。在职场上或许可以成为上下级之间的桥梁。

最小的孩子缺乏对事物的深刻理解。他们行事、决断习惯于依赖他人，并且缺乏责任感，在职场上可以成为调整型领导。

而独生子女生来就没有竞争对手，独占父母的关爱，因此可能不擅长人际交往，从而过分依赖父母，或许无法在职场上统筹管理下属。

然而我们不能一概而论，比如我的孩子就是独生子女，但其常常与许多孩子一起玩耍，因此十分擅长人际交往，并且具有丰富的表达能力。

故而我们不要绝对地说出生顺序一定会对人产生影响。子女的性别和年龄差不同，结果也不尽相同。

养成激发勇气习惯的要点

①明确地表达感谢；

②找优点；

③擅长倾听；

④重视过程（认可对方的进步及成长）；

⑤允许失败；

⑥使用“我信息”。

我们应当时刻注意以上几点。

即便一时之间没法实践全部内容，也没关系。请大家首先从①和②开始，再循序渐进地展开其他项吧。在实践的过程中，我们会逐渐养成习惯、水到渠成。

后记

本书是在我出版的第一部书《人际交往中的29张王牌》的基础上修订的，内容尤其深刻。

该书出版时，我正埋头于企业诊断及提案型营业的相关论文和通信教育的教科书的创作，对于出版事宜一无所知。

该书的出版得益于作家石原加受子女士的帮助，她曾参加过由Human Guild举办的心理咨询师培训讲座，并对我的讲座内容很感兴趣。她当时对我说：“岩井先生，我帮你联系青春出版社，给你出本书吧。”然后她便为我引见了青春出版社的副总编。在那之前我曾接受过同社发行的杂志《BIG tomorrow》的采访，因此关于该书的沟通和出版进行得很顺利。

至今我已陆续出版了50余部作品，其中包括独著、翻译、监译、合著、分担执笔等。在这之前，我想都不敢想。

论文一篇接一篇，然后汇总成书；作品也是一部接一部地完成，就这样我按部就班、循序渐进地不断努力着，并深切地感受到人与人之间缘分的重要性。

只有身体力行地去实践阿德勒心理学，才能对我们的生活有所助益。我在第四章的“分解困难也是领导者的职责”这一部分内容中也写到过，过高的目标会挫伤勇气。以我的出版经历为例，正是因为我一直踏踏实实地坚持写作才逐渐实现了出版作品这一达成目标。

《阿德勒的领导力速成法——“夸”出一支好团队》一书教你用3周时间改变自己。

第1周，阅读本书；第2周，有意识地在生活中脚踏实地实践本书内容；第3周将会初见成效。如果大家在教育自己和培养下属时，能将所学内容活用到日常生活和职场中，这对我来说将是莫大的好消息。

岩井俊宪

2016年8月

图书在版编目（CIP）数据

浙江省版权局
著作权合同登记章
图字：11-2020-048号

阿德勒的领导力速成法 ：“夸”出一支好团队 / （日）岩井俊宪著 ； 李琳琳译. — 杭州 ： 浙江人民出版社，2023.1

ISBN 978-7-213-10670-5

Ⅰ. ①阿… Ⅱ. ①岩… ②李… Ⅲ. ①阿德勒（Adler，Alfred 1870-1937）-心理学 Ⅳ. ①B84

中国版本图书馆CIP数据核字(2022)第111522号

阿德勒的领导力速成法:“夸”出一支好团队

[日]岩井俊宪 著 李琳琳 译

出版发行：浙江人民出版社（杭州市体育场路347号 邮编 310006）
市场部电话：(0571)85061682 85176516
责任编辑：申屠增群
助理编辑：徐雨铭
营销编辑：陈雯怡 陈芋如 张紫懿
责任校对：姚建国
责任印务：幸天骄
封面设计：刘 俊
电脑制版：杭州兴邦电子印务有限公司
印 刷：杭州钱江彩色印务有限公司
开 本：787毫米×1092毫米 1/32 印 张：6
字 数：95千字 插 页：2
版 次：2023年1月第1版 印 次：2023年1月第1次印刷
书 号：ISBN 978-7-213-10670-5
定 价：38.00元

如发现印装质量问题，影响阅读，请与市场部联系调换。